果树病虫害图谱诊断与防治丛书

柑橘病虫害诊断与防治原色图谱

主　　编　陈国庆
副 主 编　杨廉伟　黄振东
编著人员　陈国庆　杨廉伟　黄振东
　　　　　程晓东　鹿连明　黄海华
　　　　　童英富　莆占胥　胡秀荣
　　　　　张小亚　张利平　龚洁强
　　　　　金国强　陈子敏

金 盾 出 版 社

内 容 提 要

本书以文字说明和原色彩图相结合的方式，形象地介绍了柑橘的22种病害和74害虫。对各种病虫害都以诊断和防治为重点，具体阐述了危害情况、诊断要点、发生规律和防治方法。选配的426幅照片清晰自然，色彩真实。本书有助于读者迅速进行田间诊断并提出防治对策，适于广大果农以及贮运营销人员、专业技术人员和院校师生参阅。

图书在版编目(CIP)数据

柑橘病虫害诊断与防治原色图谱/陈国庆主编．— 北京：金盾出版社，2011.1(2018.1重印)
ISBN 978-7-5082-6650-3

Ⅰ.①柑… Ⅱ.①陈… Ⅲ.①柑橘类果树—病虫害防治方法—图谱 Ⅳ.①S436.66-64

中国版本图书馆CIP数据核字(2010)第192463号

金盾出版社出版、总发行
北京市太平路5号(地铁万寿路站往南)
邮政编码：100036 电话：68214039 83219215
传真：68276683 网址：www.jdcbs.cn
北京军迪印刷有限责任公司印刷、装订
各地新华书店经销
开本：850×1168 1/32 印张：7.5 彩页：144 字数：126千字
2018年1月第1版第6次印刷
印数：20 001～23 000册 定价：26.00元

目 录

柑橘病虫害诊断

一、病害诊断

1. 疮痂病 Citrus Scab

柑橘疮痂病在我国各柑橘产区均有分布，是宽皮柑橘和柠檬的重要病害之一，尤以沿海橘区为重。常引起大量幼果脱落，对柑橘的产量和品质影响很大。

【症　状】

能危害柑橘的叶片、新梢、花器和幼嫩果实组织。初期在叶片上产生油渍状的黄色小点，接着病斑逐渐增大，颜色变为蜡黄色。后期病斑木栓化，多数向叶背面突出，叶面则凹陷，形似漏斗。严重时，叶片畸形或脱落。新梢上的病斑与叶片病斑相似，但突起没有叶片上的明显。幼果上发病开始产生褐色小点，以后逐渐变为黄褐色木栓化突起，呈散生或聚生状。发病严重时幼果多脱落，不脱落的也是果形小、皮厚、味酸、甚至畸形。

受害叶片及幼果呈瘤状突起

受害叶片呈砂皮状

疮痂病病果表面症状

疮痂病病果果皮木栓化

疮痂病病果表面呈瘤状突起

2. 树脂病 Citrus Melanose

树脂病是柑橘上的一种重要病害，我国各柑橘产区均有分布。枝干、果实和叶片均可受害。通常将发生在枝干上的叫树脂病或流胶病；发生在果皮和叶片上的叫黑点病或砂皮病；发生在贮藏期果实上的叫褐色蒂腐病。

【症　状】

(1)流胶和干枯　枝干被害，初期皮层组织松软，有小裂纹，接着渗出褐色的胶液，并有类似酒糟的气味。高温干燥情况下，病部逐渐干枯、下陷，皮层开裂剥落，疤痕四周隆起。木质部受侵染后变成浅灰褐色，并在病健交界处有1条黄褐色或黑褐色的痕带。病部可见许多黑色小粒点。

(2)黑点和砂皮　病菌侵染叶片和未成熟的果实，在病部表面产生许多散生或密集成片的黑褐色的硬胶质小粒点，表面粗糙，略隆起，像黏附着许多细砂。

树脂病危害导致主干枯死（干枯型）

受树脂病危害导致树势衰退

造成树皮开裂，枝干枯死

主干受害，流出褐色胶液（流胶型）

树脂病病果症状（砂皮型）

叶片严重受害状

树脂病危害果实症状（黑点型）

叶片砂皮型症状

枝条砂皮型症状

3. 炭疽病 Citrus Anthracnose

炭疽病在我国各柑橘产区均有发生。可引起落叶、枯枝、幼果腐烂，果实将近成熟时因枯蒂而落果，对产量影响较大。在贮藏期可引起果实腐烂。

【症　状】

(1)叶片　慢性型病斑多出现于叶缘或叶尖，呈圆形或不规则形，浅灰褐色，边缘褐色，病健部分界清晰，病斑上有同心轮纹排列的黑色小点。急性型病斑多从叶尖开始并迅速向下扩展，初如开水烫伤状，淡青色或暗褐色，呈深浅交替的波纹状，边缘界线模糊，病斑正背两面产生众多的肉红色黏质小点，后期颜色变深暗，病叶易脱落。

(2)枝梢　病斑初为淡褐色，椭圆形；后扩大为梭形，灰白色，病健交界处有褐色边缘，其上有黑色小粒点，严重时病梢枯死。有时也会突然出现暗绿色的开水烫伤状的急性型症状，3～5 天后凋萎变黑，上有朱红色小粒点。

(3)果实　幼果发病，初期为暗绿色不规则病斑，病部凹陷，其上有白色霉状物或朱红色小液点，后成黑色僵果。大果受害，有干疤型和泪痕型 2 种症状。干疤型为黄褐色或褐色的近圆形病斑，革质微下陷；泪痕型是在果皮表面有一条条如眼泪一样的，由许多红褐色小凸点组成的病斑。

染病叶片叶缘病斑(慢性叶枯型)

染病叶片叶尖“V”形病斑(急性型)

炭疽病病果(泪痕型)

炭疽病病叶(急性型)

果实受害症状

炭疽病危害幼果

新梢受害症状

4. 黑斑病 Citrus Black Spot

黑斑病又名黑星病。我国各柑橘产区均有分布。柑橘枝梢、叶片及果实均可被害，以果实受害最严重。果实被害后，不但降低品质，而且在贮运时病斑还会发展，造成腐烂，损失很大。

【症　状】

(1)黑斑型　果面上初生淡黄色或橙色的斑点，后扩大成为圆形或不规则形的黑色大病斑，直径1～3厘米。中部稍凹陷，散生许多黑色小粒点。严重时很多病斑相互联合，甚至扩大到整个果面。贮藏期的病果腐烂后瓤瓣僵化，呈黑色。

(2)黑星型　在将近成熟的果面上初生红褐色小斑点，后扩大为圆形的红褐色病斑，直径1～5毫米。后期病斑边缘略隆起，呈红褐色至黑色，中部灰褐色，略凹陷，其上生有少量黑色小粒点状的分生孢子器。贮运期间可继续发展，湿度大时可引起腐烂。叶片上的病斑与果实上的相似。

病果症状

病果上的病斑中间凹陷，呈灰白色

病果表面紫红色圆形小斑

黑斑病(黑星型)

黑斑病严重危害状

黑星型症状

5. 疫霉病

Citrus Brown Rot

果实发病称褐色腐败病或褐腐病，树干发病称脚腐病或裙腐病。该病在全国各柑橘产区均有发生，西南橘区较严重，常使根颈部皮层死亡，引起树势衰弱，甚至整株死亡。

【症 状】

主干基部树皮先呈水渍状的褐色病斑，有酒糟气味。气候干燥时，病斑干裂。温暖潮湿时，病部不断扩展，导致植株死亡。病树叶片的中脉及侧脉呈黄色，引起叶落、枝枯。果实发病时，初为圆形的淡褐色病斑，后渐变成褐色水渍状。病健部分界明显，只侵染白皮层，不烂及果肉。干燥时病斑干韧，手指按下稍有弹性；潮湿时，则呈水渍状软腐，长出白色菌丝，有腐臭味。严重时果实很快脱落。

果实受疫霉菌感染导致腐烂

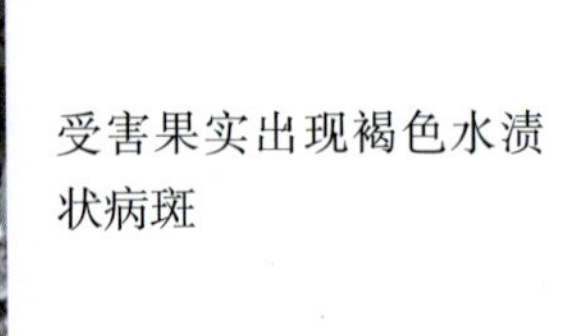

受害果实出现褐色水渍状病斑

成熟果实出现的褐色腐烂症状

受感染后变软腐烂的果实

果实感病症状

6. 黑腐病　Citrus Black Rot

黑腐病又名黑心病，主要危害贮藏期果实。病菌在田间潜伏于果实蒂部和果面，由伤口、蒂部或脐部侵入果实，使其中心柱腐烂。表现为心腐型、蒂腐型、褐斑型和干疤型等不同类型的症状。

【症　状】

(1)黑腐型　病菌自伤口或脐部侵入，初为黑褐色的圆形病斑，后渐扩大，稍凹陷，中部黑色。干燥时病部果皮柔韧，高温高湿时病部长出灰白色菌丝。感病后期果肉腐烂，病果表面和果心长出墨绿色绒毛状霉层。温州蜜柑和甜橙多表现此种症状。

(2)黑心型　病菌自蒂部伤口侵入果实中心柱，并沿中心柱蔓延，引起心腐。受害果肉呈墨绿色，在中心柱空隙处长出大量深墨绿色绒毛状霉菌。果实外观无明显症状。橘类和柠檬多为此类症状。

(3)蒂腐型　病斑发生于果蒂部，呈圆形褐色软腐，病斑直径通常在1厘米左右。病菌不断向中心柱蔓延，并长出灰白色至墨绿色霉层。甜橙类多出现此种症状。

果实受害状

受害果实(蒂腐型)

受害果实(心腐型)

树上果实受害状

7. 蒂腐病 Citrus Stem-end Rot

有黑色蒂腐病和褐色蒂腐病 2 种。

【症　状】

果实发病多自果蒂或伤口处开始,初为暗褐色或黄褐色的水渍状病斑。黑色蒂腐病常流出暗褐色的黏液,后沿果心和瓤囊间迅速扩展,数日内可致全果腐烂。病果在干燥时为暗褐色或黑色僵果,潮湿时呈橄榄色,表面有污白色绒毛和小黑点。褐色蒂腐病与黑色蒂腐病相似,但病部果皮革质,通常没有黏液流出,后期病斑边缘呈波纹状,深褐色,果心腐烂较果皮快。

褐色蒂腐病果实内部症状

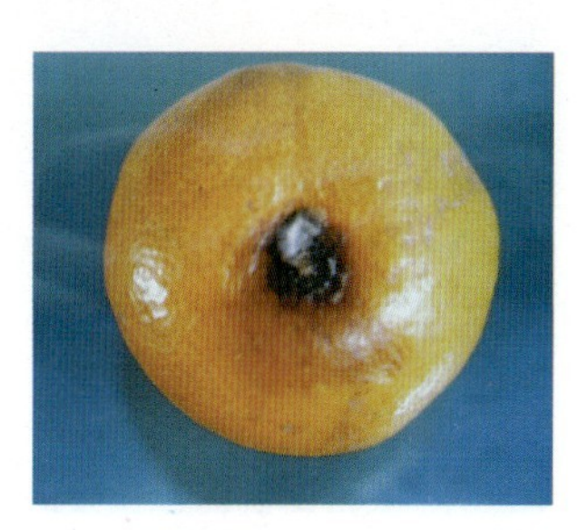

黑色蒂腐病病果

8. 脂点黄斑病 Citrus Greasy Yellow Spot

脂点黄斑病又名黄斑病。各柑橘产区均有发生。管理水平低，树势衰弱的橘园发病重,严重时引起大量落叶。

【症 状】

(1)黄斑型 多发生于2年生叶片上,初期叶背呈现不规则淡黄色斑块,以后逐渐扩大,边缘不明显。后期病斑中央出现许多黄褐色至黑色的颗粒状小点。

(2)褐色小圆星型 初在秋梢叶片的正面出现赤褐色芝麻粒大小的圆形斑点，后扩大为直径1~3毫米的褐色病斑，边缘稍隆起,中央凹陷,色较淡,上有黑色小粒点。

(3)混合型 同一片叶上同时存在以上2种症状。

黄斑型病叶

田间感病叶片

受害叶片出现褐色小圆星型病斑

温州蜜柑叶片受害状

9. 煤烟病

Citrus Sooty Mold

煤烟病又名煤病、煤污病。

【症　状】

发病初期在叶、果和枝梢表面出现一层很薄的褐色斑块，然后逐渐扩大，形成绒毛状的黑色、暗褐色或稍带灰色的霉层，后期上面散生黑色小粒点（分生孢子器、闭囊壳）或刚毛状突起物（长形分生孢子器）。由于病原菌种类不同，病斑也稍有不同：煤炱属的霉层为黑色薄纸状，易撕下或自然脱落；刺盾炱属的霉层状似锅底灰，以手擦之即成片脱落，霉层正面组织的颜色一般正常；小煤炱属的霉层为放射状小霉斑，菌丝产生吸胞，能紧附于组织表面，不易剥离。受煤烟病危害严重时，叶片卷缩褪绿或脱落，幼果腐烂。

病叶表面的煤烟层剥离

煤烟病严重危害状

煤烟脱落后的病叶

受绿色煤烟病感染的叶片

10. 青霉病和绿霉病 Citrus Green Mold and Blue Mold

青霉病和绿霉病是柑橘贮运期间发生最普遍，危害最严重的病害之一。

【症　状】

青霉菌和绿霉菌侵染柑橘果实后，都先出现柔软，褐色，水渍状，略凹陷皱缩的圆形病斑。2～3 天后，病部长出白色霉层，随后在其中部产生青色或绿色粉状霉层。在高温、高湿条件下，病斑迅速扩展，深入果肉，导致全果腐烂。干燥时则成僵果。2 种病害症状区别见表1。

表 1：青霉病和绿霉病的症状比较

项　　目	青 霉 病	绿 霉 病
孢子丛	青色，可发生于果皮、果肉和果心间隙	绿色，只发生于果皮上
白色霉带	较狭，1～2 毫米，外观呈粉状	较宽，8～15 毫米，略呈胶质状
病部边缘	水渍状，边缘规则而明显	边缘水渍状不明显，且不整齐
沾黏性	对包果纸及其他接触物无黏着力	往往与包果纸及其他接触物粘连
气味	有霉气味	具芳香味

青霉病危害果实

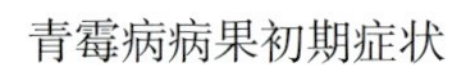

青霉病病果初期症状

绿霉病危害果实

青霉病病果后期症状

田间果实受害状

果实严重受害症状

11. 柑橘根线虫病　Citrus Nematode

线虫病在浙江、广东、福建等省均有发生。宽皮橘类、甜橙、酸橙、柚子、柠檬、葡萄、柿和橄榄等都能被害。柑橘类植物受害后，造成树势缓慢衰退，严重时也可使全株死亡。已知我国柑橘区有柑橘根线虫和柑橘根结线虫 2 种。

【症　状】

(1)柑橘根结线虫病　主要危害根部，形成根瘤状肿大。病原线虫寄生在皮层与中柱间，使根组织过度生长，形成各种大小的根瘤。根瘤主要发生在细根上，它可发生次生根瘤，并能长出许多小根，结成须根团，最后根瘤与根坏死腐烂。初期地上部症状不明显，严重时才出现黄化叶片、落叶及小枝枯死。苗期被害时，叶片色淡，新梢细弱，叶片易落，能造成全株死亡。

(2) 柑橘根线虫病 地上部症状与柑橘根结线虫基本相似，主要区别是根结线虫卵囊一端露在根瘤外面，根线虫仅雌虫前端1/3侵入根部皮层，整个卵囊露在根瘤外面。由于线虫的穿刺，不仅破坏了根皮组织，而且容易感染其他病原微生物，使根皮呈黑色坏死。严重受害时，导致根皮不能随中柱生长，使皮层和中柱发生分离现象。

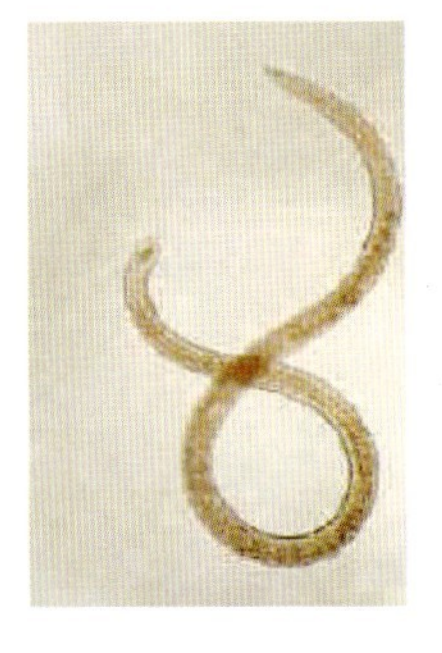

柑橘根结线虫(雄虫)

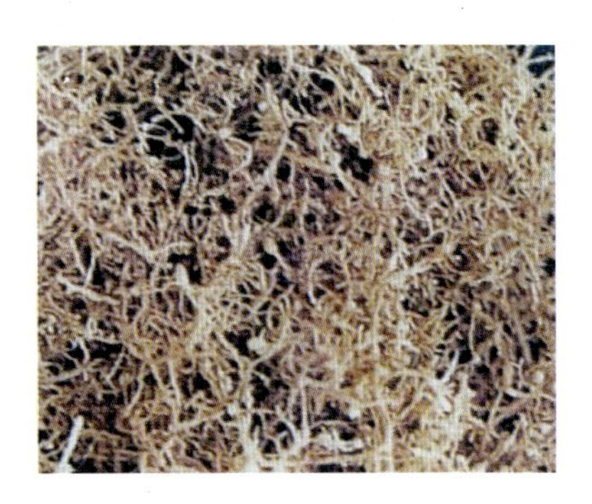

柑橘根结线虫

柑橘根结线虫危害树根

感病树根成团状

12. 日本菟丝子 *Cuscuta japonica* Choisy

可危害柑橘、梨、苹果和桃等多种果树和林木。菟丝子以无叶细藤缠绕橘树枝条，产生吸器从寄主体内吸取养料和水分，幼树受害后生长衰弱，最后枯死，大树受害后树势衰弱。

【形态特征】

日本菟丝子幼嫩时，茎为乳白色，1～2天后变为淡黄色，以后又变为紫红色。无根无叶。一般茎粗0.7～2.02毫米，茎多分枝，上有紫褐色斑点。其吸器为楔形，大小约2.9毫米×1.1毫米×0.9毫米。种子卵圆形，多数略呈扁平，初为淡黄色，后渐变为淡绿色，最后变为淡紫红色。无毛，无光泽，一端钝圆，一端稍尖。每果有种子1～4粒。

日本菟丝子植株

日本菟丝子危害柑橘

13. 溃疡病 Citrus Canker

柑橘溃疡病是一种严重危害柑橘的细菌性病害，在世界上各个柑橘生产国家几乎都有发生。为国内外植物检疫对象，是柑橘的毁灭性病害之一。迄今为止，有5个菌株可引起溃疡病，但危害最重、分布最广的是A菌株，即亚洲菌株（我国目前仅受该菌株危害）。

该病可危害多种芸香科植物，如柑橘属、枳属和金柑属中大多数的种、品种（品系）。可危害柑橘植株的叶片、枝梢和果实，以苗木和幼树受害特别严重，造成植株落叶、枝梢枯死，影响树势甚至造成幼树的死亡。结果树果实受害，引起采前落果，病果带有病疤，降低品质，贮藏期易发生腐烂，大大降低果实的商品价值。

火山口状病斑

【症　状】

溃疡病可危害柑橘植株的叶片、枝梢和果实，产生溃疡病斑。

（1）叶片症状　叶片受害，初期在叶背出现黄色或淡黄色针头大小的油浸状斑点，继而扩大在叶的正反两面逐渐隆起并形成圆形、米黄色的病斑，一般背面隆起比正面更为明显。后病部表皮破裂，明显出现海绵状隆起，表面粗糙呈木栓化，病部中心凹陷，周围有黄色晕环；紧靠晕环处常有褐色的釉光边缘。后期病斑中央凹陷成火山口状，呈放射状开裂。病斑大小依品种而异，一般直径在2～5毫米，最大的可达7～8毫米，

脐橙病果

有时几个病斑愈合，形成不规则的大病斑。

(2)枝梢症状 枝梢受害以夏季嫩梢严重。病斑特征基本与叶片上的相似，但以叶片上的病斑更为隆起，大小5~6毫米，病斑周围没有黄色晕环，严重时引起叶片脱落，枝梢枯死。

(3)果实症状 果实上的症状也与叶片上的相似，但病斑较大，一般直径5~6毫米，最大的可达12毫米，木栓化程度比叶片更为坚实，病斑中央火山口开裂更明显。由于品种不同，釉光边缘的宽狭及隐显有差异，如衢橘上宽而明显；朱红和甜橙较小，不明显；乳橘、槾橘、本地早和早橘上不明显。发病严重时引起早期落果。

病斑周围有黄色晕环

叶片正面症状

严重感病病果症状

叶片背面症状

14. 黄龙病 Citrus Huanglongbin

在危害柑橘的所有病害中，柑橘黄龙病是最严重和最具破坏性的一种病害。柑橘黄龙病主要分布于亚洲和非洲国家，近年来，在世界柑橘生产大国巴西和美国也有发生。在我国，黄龙病的发病历史已久，在广东1919年即有文字记载，现在广东、广西、福建、四川、云南、湖南、江西、浙江、贵州和台湾等省（自治区）有发生。

黄龙病斑驳型病叶

黄龙病黄化型病叶

黄龙病对柑橘危害非常严重，能侵害柑橘植株的叶片、枝梢、果实和种子。发病严重时，常使大片橘树在数年内趋于毁灭，植株发病后在2～3年内即丧失结果能力。在病害流行地区，新果园的周围即使没有老果园，在定植8～9年后也会严重发病。如在病果园附近建立新果园，常来不及投产就严重发病。幼龄树发病后一般在1～2年内即全株衰退，成年树则在染病后2～3年内蔓延至全株，并很快丧失结果能力。在许多地方由于该病的危害均导致了大量植株的死亡。

【症　状】

黄龙病全年均可发生，症状可遍及全树，特别是在繁殖时或繁殖后不久就受感染的植株上，如果感染较迟，症状往往是局部性的。症状表现因柑橘品种的不同而有某种程度的差异。

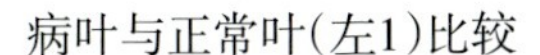
病叶与正常叶(左1)比较

高橙病叶症状

(1)枝叶症状 以夏梢发病最为严重,秋梢次之,春梢较少,幼龄树的冬梢也有少数发病。

病树初期的特征性症状是在浓绿的树冠中出现 1~2 枝或多枝黄梢,黄梢多在顶部和外围,随后病梢的下段枝条和树冠的其他部位枝条也陆续发黄。

病树上构成黄梢叶片可分为 3 种类型:

①均匀黄化叶片 多出现在初期病树和夏秋梢发病的树上,叶片呈均匀的浅黄绿色,这种叶片在枝上存留时间短,极易脱落。果园中较难看到。

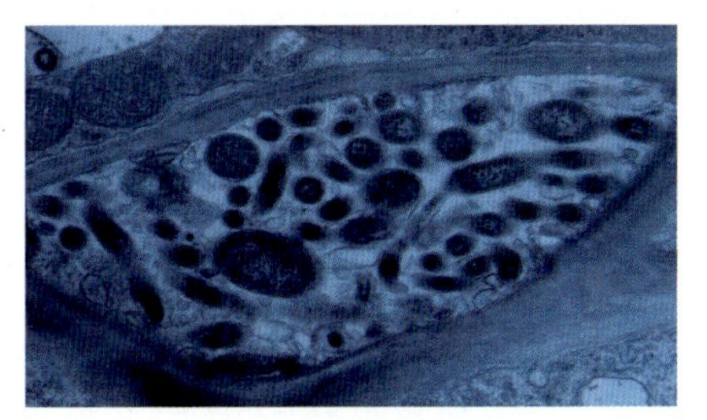

柑橘黄龙病病原细菌

②斑驳型黄化叶片 在春梢及夏、秋梢病枝上均有,无论是初病树或中、后期病树上均可看到,叶片呈黄、绿相间的不均匀斑驳状,斑块大小、形状及位置均不定。通常在叶片基部和边缘呈黄色的为多,黄色或绿色区域多少与某些叶脉的界限有关。

③缺素型黄化叶片 又称花叶,表现为叶小、直立,叶脉及叶脉附近叶肉呈绿色而脉间叶肉呈黄色,类似于植株缺锌、缺锰、缺铁时所表现的褪绿类型。这类病叶一般出现在中、晚期病树上,往往在有均匀黄化或斑驳黄化叶的枝条上抽发出来的新梢叶片呈现缺素状。

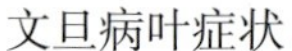

文旦病叶症状

黄龙病感染产生红鼻子果

受黄龙病感染的植株叶片比正常叶稍厚，有革质感，有的叶片表现叶脉肿突，严重时木栓化并破裂，黄化叶片易脱落，病枝上抽发的新梢短，叶小、生长衰弱，树冠稀疏，植株矮化。

(2)果实症状 病树产生多数非季节性的花朵，开花早而多，小而畸形，易脱落，花瓣短小、肥厚，颜色较黄。病树产生的果实小，皮变硬，易落果，果皮与果肉紧贴不易剥离。有些果实发育不全，斜肩畸形，着色不均匀。有些品种如椪柑、福橘等，果蒂附近较早变为红色，成“红鼻果”。病果成熟早，无光泽，种子发育不全，果汁可溶性固形物含量低，酸含量较高，果味异常。

(3)根系 病树根部腐烂，变黑，细根、侧根从根尖逐渐向根基发展，进而影响到地上部植株的生长。

椪柑病果果实呈圆柱状

温州蜜柑田间病树症状

温州蜜柑病果症状

15. 衰退病 Citrus Tristeza

柑橘衰退病在世界各地普遍发生，并在许多地区成灾。我国四川、湖南、江西、浙江、广西、广东和台湾等省（自治区）的柑橘树，也受此病的感染。此病主要危害以酸橙等作砧木的嫁接树。我国柑橘栽培中不常用感病的砧木，故植株虽带毒而无明显病状。

【症　状】

（1）茎陷点　植株发病后枝干木质部呈现凹陷点和凹陷条沟，严重时枝干外观纵向凹凸，果实变小，树势转弱。

（2）速衰　发病初期病枝上不发或少发新梢，老叶失去光泽，呈现灰褐色或不同程度的黄化，不久老叶逐渐脱落。后病枝从顶部向下枯死，病树明显矮化，有时叶片突然萎蔫。

（3）苗黄　被害苗木转黄，自顶梢开始向下枯死。如中途转接到抗病砧木上可迅速恢复。

最好的指示植物是墨西哥来檬和马蜂柑，其新叶常在嫁接接种后4~6周内出现叶脉局部透明，茎木质部出现凹陷点或凹陷条沟，植株矮化。

受感染的枸头橙植株表现矮化

幼树感染症状

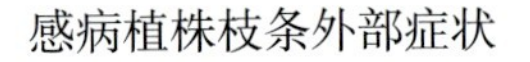

感病植株枝条外部症状

枸头橙染病茎陷点症状

伊予柑病果症状

16. 温州蜜柑萎缩病　Satsuma Dwarf

温州蜜柑萎病又名温州蜜柑矮缩病。在日本韩国的济州岛、土尔其及东南亚的一些地区有发生。我国的浙江、四川、湖南、湖北、广西等省、自治区也有发现。该病对植株有较大影响,植株发病后,果皮增厚变粗,品质变劣,产量锐减,发病严重的树甚至全株无收;病树矮化萎缩,树势衰退。主要危害温州蜜柑,脐橙、伊予柑、夏柑和西米诺尔橘柚等品种也可受害。

【症　状】

病株春梢新梢黄化,新叶变小皱缩,叶片两侧明显向叶背面反卷成船形或匙形，节间缩短，丛枝，全株矮化呈萎缩状。严重时开花多、结果少，果实小而畸形，蒂部果皮变厚。果梗部隆起成高桩果，形似三宝柑，果实品质变劣。

感病植株春梢呈现“舟形叶”症状

感病植株春梢呈现“匙形叶”症状

病原病毒接种到白芝麻上表现褪绿枯斑症状

病原病毒接种到黑眼豇豆上表现的枯斑症状

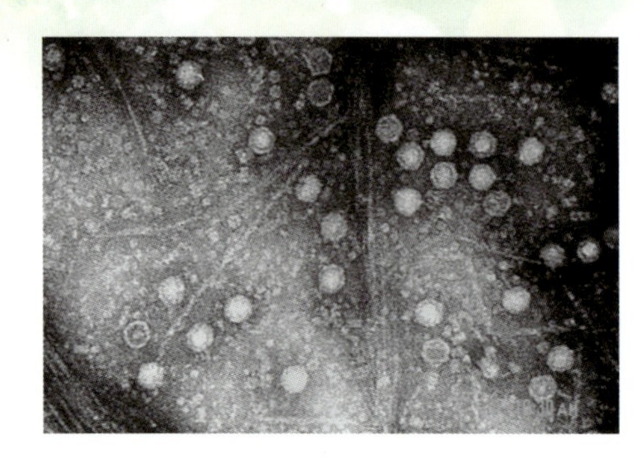

病原病毒粒子在电镜下呈球形

病株新叶变小皱缩

在田间种植的珊瑚树可传播病毒

在洋酸浆上表现的症状

17. 花 叶 病 Citrus Mosaic

柑橘花叶病在日本的部分地区有发生。病树生长期受抑春梢丛生，节间短，植株矮化、萎缩，但比温州蜜柑萎缩病的轻。重病树上果小而皮厚，果皮硬化，严重时果实于成熟初期脱落，病果糖、酸含量低，味淡，病果失去商品价值。

【症　状】

柑橘花叶病的症状主要产生于果实上，症状出现时间早熟品种在9月份，迟熟品种在10月份。从果实着色开始，部分或整个果面出现云纹状或轮纹状斑驳，成熟后果皮上有凹陷的圆形绿色斑和环斑，与着色的黄色部分形成花叶症状，凹陷部分略带褐色，生成果面凹凸不平的病果或畸形高桩果。

病树春梢叶片出现舟形叶或匙形叶，夏秋梢几乎没有。

柑橘花叶病症状

温州蜜柑病果症状

受感染的病果

18. 碎叶病 Citrus Tatterleaf

碎叶病在中国和日本均有普遍发生。我国在浙江、四川、福建、湖南、湖北、广东、广西及台湾等省、自治区有发生。碎叶病主要危害以枳及其杂种(如枳橙等)作砧木的柑橘植株,病树地上部出现黄化,嫁接口异常和皱褶,出现黄环,肿大,易折断,种植数年后常黄化枯死。枳砧椪柑等品种,在苗期常出现严重黄化,落叶甚至枯死。由于病树嫁接口产生离层,导致地上部花多果少,果小,且易受台风等影响而折断。

【症　状】

病株嫁接口处环隘,接口以上的接穗部肿大,植株矮化,叶脉黄化。剥去接合处皮层,可见接穗与砧木的木质部间有一圈褐色的缢缩线。受较强外力推动时,接口易断裂,裂面光滑。病穗接在指示植物厚皮来檬和腊斯克枳橙上时,新抽出的叶片出现扭曲破碎和凹凸不平状。

枳砧红玉柑幼苗表现嫁接口异常

受感染苗木表现黄化,嫁接口出现离层

染病枳橙实生苗枝叶扭曲畸形

染病枳橙叶片出现黄色污斑

感病厚皮来檬叶片，新叶出现黄斑，叶缘缺损，畸形（左1为正常）

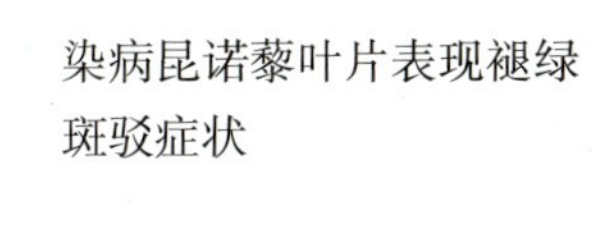

染病昆诺藜叶片表现褪绿斑驳症状

染病菜豆叶片出现黄色圆斑

19. 脉突病 Citrus Vein Enation

柑橘脉突病对植株没有经济重要性，对树势、产量均没有多大影响。木瘤多在以粗柠檬作砧木的植株上发生。病树产量不会显著下降，但是木瘤发生多的植株其主干直径在一定程度上比正常的细，故病树产量不如生长正常的植株。

脉突病枝干瘤状突起

【症　状】

叶背的侧脉和支脉上有乳白色的耳状或乳头状突起，大小在1毫米以内，叶片正面有相应的凹陷。墨西哥来檬上还有脉明症状。枝干及根部有瘤状突起。

病叶叶脉上出现耳状小突起

脉突病在主干根部出现瘤状突起

20. 裂皮病 Citrus Exocortis

【症　状】

受害植株砧木部树皮纵向开裂，部分树皮剥落，植株矮化，新梢少，开花多，着果少，后部分枝梢枯死。兰普来檬和枳受感染后 4～6 个月，其新梢上会出现长形黄斑，病斑部树皮纵向开裂。香橼受感染后 3～6 个月叶脉向后弯曲，叶片背面主脉、侧脉木栓化开裂。柑橘被该病原的弱毒系感染时，仅砧木植株矮化，无裂皮症状。

其指示植物有亚利桑娜 861 香橼和爪哇三七。经皮组织嫁接接种后 2～3 个月，在香橼叶片背面主、侧脉上产生暗褐色网络症状；在爪哇三七上为叶片直立，中脉坏死症状。

病株砧木部表现皮层开裂

染病植株树冠矮化

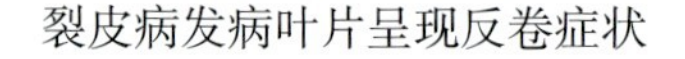

裂皮病发病叶片呈现反卷症状

病树砧木部症状

21. 木质陷孔病 Citrus Cachexia

木质陷孔病是危害柑橘的一种重要的类病毒病害。该病可能在世界上所有柑橘种植区均有存在,特别在有柑橘裂皮类病毒存在的橘区更甚。该病对柑橘的危害很大,以甜来檬、宽皮橘、橘来檬、橘柚和大翼来檬等品种和杂种受害严重。受害植株树势衰退,产量下降,危害程度从轻微的矮化到严重的矮化、褪绿和树势衰退。

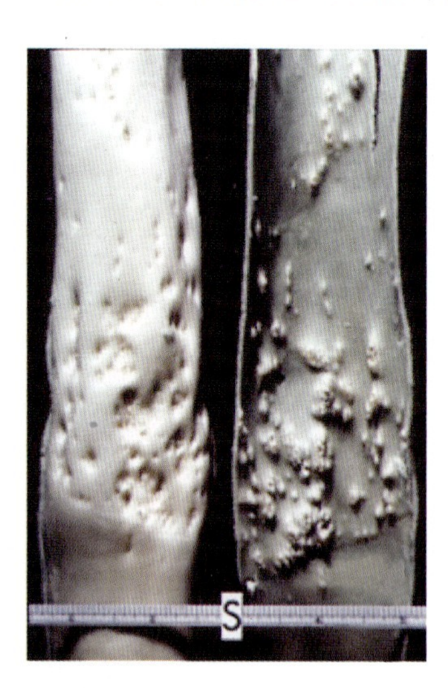

感病树皮内突及木质部呈凹陷孔

【症 状】

枝干木质部产生陷点或陷孔,陷点(孔)基部呈褐色,树皮内层凸起,细尖,陷点基部和木栓顶部常因树脂沉积而呈褐色,有流胶。地上部植株叶片发黄,叶、叶脉黄化,生长衰弱,严重时枝条萎雕、枯死。

22. 地衣寄生病 Citrus Lichen Parasite

地衣病主要发生在栽培管理粗放的老橘园，发生严重时包围整个枝干，使树势衰弱，对产量有一定影响。

【症 状】

被害柑橘树的主干、枝条和叶片上，紧紧地贴着灰绿色的叶状、壳状、枝状或其他形状的地衣，常使受害处树皮呈粗糙状态。叶状地衣扁平，边缘卷曲，为灰白色或淡绿色，有褐色假根，常连结成不定形薄片；壳状地衣像一块膏药，贴在枝干上，灰绿色，上有许多小黑点，直立或下生如丝，有分枝。

叶状地衣

鸡皮藓（一种地衣）

在主干及大枝上的症状

二、虫害诊断

1. 红蜘蛛 *Panonychus citri* Mcgregor

柑橘红蜘蛛又名柑橘全爪螨、柑橘红叶螨、瘤皮红蜘蛛，属蜘蛛纲蜱螨目叶螨科。在我国各柑橘产区均有发生，除为害柑橘外，还可为害多种果树和木本植物。以口针刺破叶片、嫩枝和果实的表皮，吸取汁液，轻的在叶片表面产生许多灰白色小点，严重时整个叶片呈灰白色，并引起大量落叶，严重影响柑橘的树势和产量。是目前许多柑橘产区最主要的害虫。

【形态特征】

(1)成螨 雌成螨体长约0.39毫米，宽约0.26毫米，近椭圆形，紫红色，背面有13对瘤状小突起，每一突起上长有1根白色刚毛，足4对。雄成螨鲜红色，体稍小。

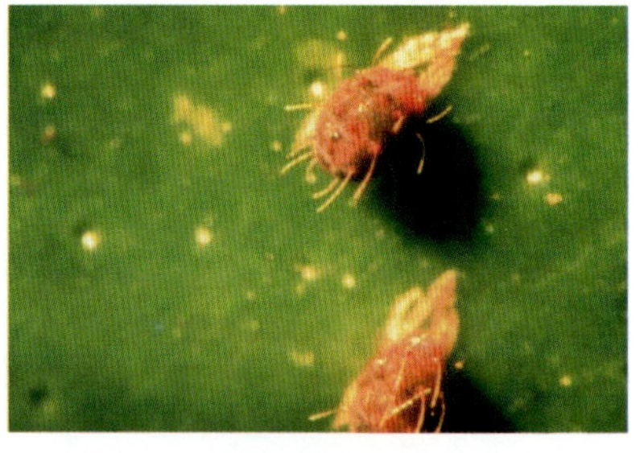
红蜘蛛雌成螨

(2)卵 扁球形，直径约0.13毫米，鲜红色，有光泽，顶部有一垂直的长柄，柄端有10~12根向四周辐射的细丝，可附着于叶片上。

(3)若螨 幼螨体长约0.2毫米，淡红色，有足3对，体背着生刚毛16根。若螨形色似成螨，但体型略小，有足4对，前若螨(一龄若螨)体长0.2~0.25毫米，后若螨0.25~0.3毫米。

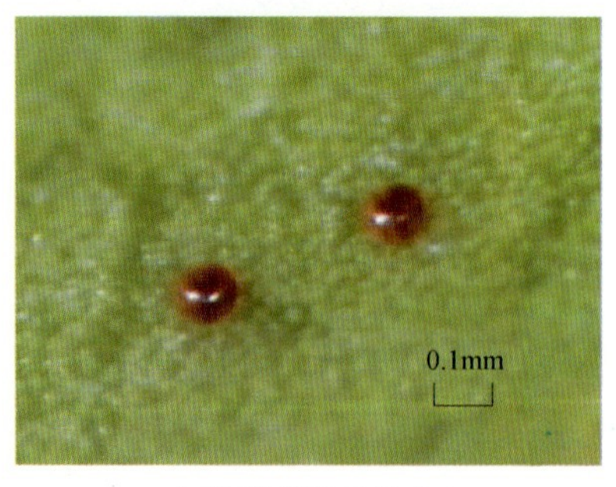

红蜘蛛卵(已放大)

红蜘蛛成若螨为害叶片

红蜘蛛雌成螨和卵

受害叶片呈灰白色

田间释放捕食螨防治红蜘蛛

橘园种植霍香蓟有利于天敌的生存和繁殖

2. 黄蜘蛛 *Eotetranychus kankitus* Ehara

柑橘黄蜘蛛又名柑橘始叶螨、六点黄蜘蛛和柑橘四斑黄蜘蛛，属蜘蛛纲蜱螨目叶螨科。为害柑橘、桃和苹果等果树，在我国的大部分柑橘产区均有分布，局部地区为害严重。主要为害柑橘的叶片、嫩梢、花蕾和幼果，叶片受害后，常在主脉两侧及主脉与支脉间出现向叶面突起的大块黄斑，导致叶片畸形并脱落、枯梢。

黄蜘蛛为害后叶片支脉间出现凸起黄斑，叶面畸形

叶背出现黄色褪绿斑块

枝梢受害状

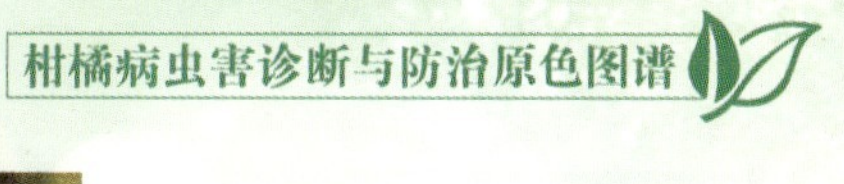

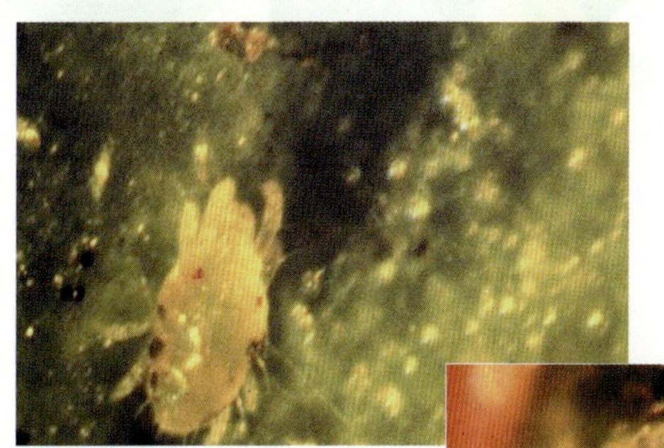

黄蜘蛛成螨

黄蜘蛛卵

叶片受害后出现黄色斑块

3. 锈壁虱 *Phyllocoptes oleivora* Ashmead

柑橘锈壁虱又名柑橘锈螨、柑橘锈瘿螨、锈蜘蛛，俗称铜病，属蛛形纲蜱螨目瘿螨科。我国各柑橘产区均有分布，只为害柑橘类植物，是柑橘上的重要害虫之一。其成、若螨以刺吸式口器刺吸枝梢、叶片和果实。叶片被害后背面出现黑褐色网状纹，引起大量落叶，果实被害后，表面呈黑色或栓皮色，果小且僵硬、皮厚、味酸，品质差，严重影响产量和果实品质。

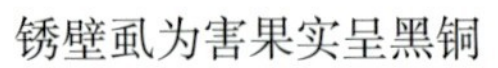

锈壁虱为害果实呈黑铜

锈壁虱为害果实呈红铜色

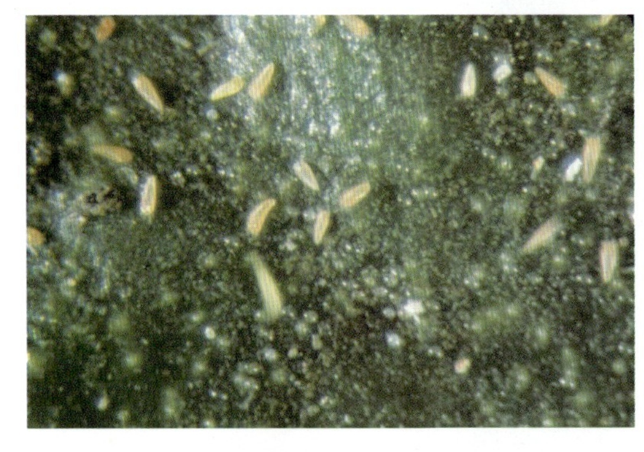

锈壁虱成螨

锈壁虱为害叶片症状

锈壁虱群集在果面上为害

4. 瘤壁虱

瘤壁虱又名柑橘瘤螨、柑橘芽瘿螨、柑橘瘿螨，俗称胡椒子，属蛛形纲蜱螨目瘿螨科。是国内柑橘植物检疫的重要对象。主要分布于四川、云南、重庆和贵州等地，在湖南、湖北、广西和陕西等地也有局部分布。该螨仅为害柑橘类，吸食柑橘幼嫩组织的汁液，导致被害处形成胡椒子状虫瘿。虫瘿长3~5毫米，大的可达10毫米以上，初为淡绿色，后变棕黑色。受害枝梢变为扫帚状，严重时不能开花结果，大树和老树受害重。

柑橘瘤壁虱为害枝梢，形成虫瘿

柑橘瘤壁虱为害状

5. 红蜡蚧 *Ceroplastes rubens* Maskell

红蜡蚧又名红蜡虫、红蜡介壳虫、胭脂虫、红蚰，属同翅目蜡蚧科。在我国各柑橘产区均有分布，局部地区为害严重。其寄主以芸香科植物为主，有柑橘、枇杷、龙眼、荔枝、樱桃、苹果、梨和杨梅等60多种。成虫和若虫多聚集在枝梢上吸取汁液，叶片及果实上也有寄生，导致枝梢枯死，并分泌蜜露，诱发煤烟病，引起植株抽梢少，叶片稀少，枯枝多，影响果实产量和品质。

红蜡蚧成幼蚧群集在枝条上为害

红蜡蚧成蚧和初孵幼蚧在枝梢上为害

红蜡蚧雌成蚧蜡壳

红蜡蚧雌成蚧

红蜡蚧初孵幼蚧

6. 龟蜡蚧 *Ceroplastes floridensis*

龟蜡蚧属同翅目蜡蚧科。为害柑橘、苹果、梨、柿和枇杷等多种果树。雌虫多寄生于新梢上吸取汁液，引发煤烟病，影响树势。

【形态特征】

(1)雌成虫 全体覆一层白色蜡质物，略呈半球形，触角通常6节，以第三节最长，尾端有短突起，表面呈龟甲状凹陷，周围有8个黑纹，长3~4毫米。

(2)卵 长约0.27毫米，长椭圆形。

(3)若虫 扁椭圆形，红褐色，足及触角色淡。

龟蜡蚧介壳

卵(已放大)

幼蚧

7. 褐圆蚧 Chrysomphalus aonidum L.

褐圆蚧又名鸢紫褐圆蚧、茶褐圆蚧、黑褐圆盾蚧，属同翅目盾蚧科。在国内各柑橘产区都有发生，尤以华南各柑橘产区和闽南橘区发生普遍而严重。该虫能为害柑橘、香蕉、椰子、茶、银杏、樟、杉和松等200多种果树和林木类寄主植物。可为害叶片、枝梢和果实。受害叶片褪绿，出现淡黄色斑点；果实受害后表面不平，斑点多，品质低下；为害严重时导致树势衰弱，大量落叶落果，新梢枯萎，甚至造成树的死亡。

【形态特征】

(1)雌成虫 蚧壳圆形，直径1.5~2毫米，紫褐色，边缘淡褐色或灰白色，由中部向上渐宽，高高隆起蚧壳略呈圆锥形。雌成虫体长约1.1毫米，淡黄色，倒卵形；雄成虫介壳椭圆形或卵形，长约1毫米，色泽与雌介壳相似。雄成虫体长约0.75毫米，淡橙黄色，足、触角、交尾器及胸部背面均为褐色，有翅一对，透明。

褐圆蚧为害枝条

(2)卵 长圆形，淡橙黄色，长约0.2毫米。

(3)若虫 卵形，淡橙黄色，共2龄，一龄体长约0.24毫米，足3对，触角、尾毛各1对，口针较长。二龄若虫除口针外，足、触角、尾毛均消失。

叶片受害状

集中在叶脉附近为害叶片

褐圆蚧介壳

褐圆蚧介壳(已放大)

8. 红圆蚧 *Aonidiella aurantii* Maskell

红圆蚧又名赤圆介壳虫、红圆蹄盾蚧、红肾圆盾蚧或橘红片盾蚧，属同翅目盾蚧科。分布于浙江、福建、台湾、四川、云南、广东和广西等省(自治区)。主要为害柑橘、香蕉、苹果、葡萄、李、银杏、柿、椰子和山茶等370多种植物。其成虫、若虫群集于枝干、叶片及果实上吸取汁液，导致树势衰退，幼树枯死，果实品质下降。

【形态特征】

(1)雌成虫 蚧壳直径1.8~2.0毫米，近圆形，橙红色，半透明，隐约可见虫体。壳点两个，橘红色或橙褐色，不透明，位于蚧壳中央，周缘灰褐色，腹蚧壳较完整。雌成虫产卵前的体长1.0~1.2毫米，肾脏形，橙黄色。有壳点1个，圆形，橘红色或黄褐色，偏于蚧壳一端。雄成虫体长1毫米左右，橙黄色，眼紫色，有触角、足和交尾器。

(2)卵 呈椭圆形，淡黄色至橙色。

(3)若虫 一龄长约0.6毫米左右，长椭圆形，橙黄色，有触角和足。二龄时触角和足均消失，近杏仁形，橘黄色，以后逐渐变成肾脏形，橙红色。

红圆蚧在叶片上的为害状

红圆蚧介壳

红圆蚧严重为害叶片状

红圆蚧为害枝条

9. 黄圆蚧 *Aonidiella citrina*

黄圆蚧又名黄肾圆盾蚧、黄圆蹄盾蚧、橙黄圆蚧，属同翅目盾蚧科。在我国各柑橘产区均有分布，在部分橘区是柑橘的主要害虫。寄主植物有柑橘、梨、葡萄和苹果等。以若虫和雌成虫吸食枝、叶和果实的汁液，影响树势、产量和品质。

【形态特征】

(1)雌成虫 介壳圆形或近圆形，直径约2毫米，淡黄色，半透明，周围有白色或灰白色呈波浪式的壳膜。壳点褐色，较扁平，位于介壳中央。雌成虫与红圆蚧相似。雄虫介壳长椭圆形，长约1.3毫米，壳点偏于一端，色泽和质地同雌介壳。

(2)卵 淡黄色，近椭圆形。

(3)若虫 一龄若虫黄白色，透明，椭圆形；二龄若虫淡黄色，圆形，触角和足均退化。

黄圆蚧严重为害枝条

黄圆蚧介壳

枝条受害状

黄圆蚧雌成蚧

黄圆蚧为害叶片

10. 椰圆蚧 *Aspidiotus destructor* Signoret

椰圆蚧异名*Temnaspidiotus destructor* Signore。别名椰圆盾蚧、黄薄椰圆蚧、木瓜蚧、恶性圆蚧、黄薄轮心蚧,属同翅目盾蚧科。除为害柑橘外,还可为害茶树、芒果、木瓜、香蕉、可可、葡萄、棕榈、榕樟和楠等植物。以若虫为害柑橘叶片和果实。

【形态特征】

(1)成虫 雌虫介壳呈圆形,扁平,质地薄而透明,略呈淡褐色,脱皮壳呈淡黄色,位于介壳中央。雌成虫为倒梨形,鲜黄色,长约1.1毫米,宽约0.8毫米,介壳和虫体易分离。雄虫介壳呈椭圆形,色泽和质地与雌虫介壳相同,可透见介壳内的虫体。雄成虫为橙黄色,具前翅1对,足3对,腹末有针状交配器。

(2)卵 椭圆形,呈黄绿色。

(3)蛹 雄蛹呈长椭圆形,黄绿色,眼呈褐色。

椰圆蚧为害枝条

椰圆蚧严重为害果实

椰圆蚧为害叶片

枝叶受害状

11. 糠片蚧 *Parlatoria pergendii* Comstock

糠片蚧又名灰点蚧、圆点蚧、广虱蚰，属同翅目盾蚧科。国内各柑橘产区均有分布，局部地区为害严重。寄主植物很多，以柑橘、茶、山茶和月桂等受害较重，寄主多达198种。成虫和若虫可为害柑橘的枝叶和果实，被害后产生绿色斑点，造成枝叶和苗木枯死，并诱生煤烟病，严重影响树势、产量和果实品质。

【形态特征】

(1)雌成虫　介壳长1.5~2毫米，多为不端正的椭圆形，形状和色泽糠壳，边缘极不整齐。雌成虫淡紫色，近圆形或椭圆形，长约0.8毫米，雄虫介壳灰白色或灰褐色，狭长形，长约1毫米。雄成虫淡紫色，有触角和翅各1对，足3对，腹末有针状交尾器和2个瘤状突起。

(2)卵　长椭圆形，长约0.2毫米，淡紫红色。

(3)若虫　初孵时体扁平，长0.3~0.5毫米，有足3对，触角和尾毛各1对。雌若虫圆锥形，雄若虫长椭圆形，均为淡紫色。固定后触角和足均萎缩。

(4)雄蛹　淡紫色，略呈长方形，长约0.55毫米，宽约0.25毫米，腹末有发达的交尾器，并有尾毛1对。

糠片蚧为害果实状

糠片蚧为害叶片状

糠片蚧危害果实

12. 矢尖蚧 *Unaspis yanonensis*

果实受害状

矢尖蚧又名矢根介壳虫、矢尖盾蚧、尖头介壳虫、箭羽竹介壳虫，属同翅目盾蚧科。在我国各柑橘产区均有分布，在局部地区可造成非常严重的为害。寄主植物有柑橘类、柿、梨、杏、茶、葡萄、山茶、龙眼、番石榴、花椒、白蜡树、桂花等。可为害柑橘的叶片、枝条和果实，吸取营养，导致叶片褪绿发黄，严重时叶片卷缩、干枯，树势衰弱，甚至引起植株死亡。果面被害处布满虫壳，且青而不着色。

受害果实出现黄斑

【形态特征】

(1)雌成虫 介壳褐色，边缘灰白色，长2.8~3.5毫米，宽约1毫米，前端尖，后端宽，末端呈弧形，介壳中央有1条隆起的纵脊，形若矢。壳点2个，淡黄褐色，附着于介壳的前端。

矢尖蚧成若虫群集在果实上为害

矢尖蚧严重为害枝干

雌成虫体长形，橙黄色，长约 2.5 毫米，胸部长，腹部短。触角位于前端，退化成一瘤状突起，上各生长毛 1 根。雄虫介壳狭长，长 1.3~1.6 毫米，粉白色，棉絮状，壳背部有 3 条纵脊，壳点 1 个，淡黄色，位于前端。虫体橙黄色，长约 0.5 毫米，翅 1 对，翅展约 1.7 毫米。

（2）卵 橙黄色，椭圆形，长约 0.2 毫米。

（3）若虫 一龄若虫橙黄色，扁平，草鞋形，有触角 1 对，足 3 对，均较发达，体末有 1 对长毛。二龄若虫为扁椭圆形，淡黄色，触角及足均消失。

（4）蛹 长约 0.4 毫米，长形，橙黄色，末端交尾器显著地突出于体外。

受害叶片枯死

矢尖蚧雄性若虫在叶背群集为害

矢尖蚧介壳

矢尖蚧雌成蚧为害叶片

13. 长白蚧 *Leucaspis japonica*

长白蚧又称日本长白蚧、茶虱子、白橘虱，属同翅目盾蚧科。分布于浙江、江苏、湖南、湖北、福建、广东、广西和台湾等省（自治区）。寄主植物除柑橘外，还有苹果、梨、樱桃、葡萄、茶和无花果等多种植物。主要为害植株的枝干，也可为害叶片及果实等。在局部区域个别年份为害非常严重，导致枝枯、叶落，甚至整株死亡。

【形态特征】

（1）雌成虫 介壳灰白色，长纺锤形。雌成虫体长 0.6~1.4 毫米，宽 0.2~0.36 毫米，黄色，腹部有明显的 8 节。雄成虫体长 0.48~0.66毫米，翅展 1.28~1.6 毫米，淡紫色，有翅 1 对。触角丝状，共 9 节。翅白色，半透明，足 3 对，腹部末端有针状交尾器。

（2）卵 长 0.2~0.27 毫米，椭圆形，淡紫色。

（3）若虫 初孵时，体长 0.2~0.31 毫米，宽 0.1~0.4 毫米，椭圆形，淡紫色，腹部末端有尾毛 2 根。

（4）蛹 体长 0.66~0.85 毫米，末端交尾器呈针状。

长白蚧群集在枝干上为害

介壳

蛹

14. 吹 绵 蚧 *Icerya purchasi* Maskell

吹绵蚧又名绵团蚧、绵籽蚧、白蚰、白橘虱等，属同翅目硕蚧科。在我国各柑橘产区均有分布，曾在许多柑橘园中为害成灾。寄主有柑橘、苹果和梨等50余科250多种植物。若虫和雌成虫群集于寄主的枝干、叶片和果实上为害，吸取植株汁液，导致落叶落果及枝条枯死。

【形态特征】

（1）雌成虫　体橘红色，椭圆形，长5~6毫米，宽3.7~4.2毫米，背面隆起，有很多黑色短毛，背面有白色棉状蜡质分泌物。有黑褐

色的触角 1 对，发达的足 3 对。雄成虫似小蚊，长约 3 毫米，翅展约 8 毫米。胸部黑色，腹部橘红色，前翅狭长，灰褐色，后翅退化为匙形。

（2）卵 长椭圆形，长约 0.7 毫米，宽约 0.3 毫米，初产时橙黄色，后变橘红色。

（3）若虫 一龄时椭圆形，体红色，眼、触角和足黑色，腹部末端有 3 对长毛。蛹长 2.5~4.5 毫米，橘红色，眼褐色，触角、翅和足均为淡褐色，腹末凹陷成叉。

（4）蛹 由白色疏松的蜡丝组成，长椭圆形。

吹绵蚧雌成蚧

吹绵蚧幼蚧

若虫

吹绵蚧群集在枝条上为害

吹绵蚧为害后诱发煤烟病

15. 黑点蚧 *Parlatoria zizyphus*

黑点蚧又名黑星蚧、黑片盾蚧、芝麻蚰，属同翅目盾蚧科。国内各柑橘产区均有发生，以南部橘区受害较重，局部地区可造成严重为害。寄主植物除柑橘外，还有枣、椰子、茶和月桂等。其雌成虫和若虫常群集在叶片、枝条和果实上为害，诱生煤烟病，并可导致枝叶枯死，严重影响树势和产量品质。

【形态特征】

(1)雌成虫 介壳黑色，长椭圆形，长1.5~2毫米，宽0.5~0.7毫米。一龄蜕皮壳小，椭圆形，附着于介壳的前端；二龄蜕皮壳大，略呈长方形。雌成虫倒卵形，淡紫红色，前胸两侧有耳状突起。雄成虫介壳狭小，长约1毫米，宽约0.5毫米，灰白色。雄成虫淡紫红色，眼黑色，较大，翅一对，翅脉2条，交尾器针状。

(2)卵 椭圆形，紫红色，长约0.25毫米。

(3)若虫 初孵时近圆形，灰色，固定后颜色加深，并分泌出白色的棉絮状蜡质。二龄若虫椭圆形，体色更深，呈深灰黑色，形成漆黑色壳点，并在壳点之后形成白介壳。

(4)蛹 淡红色，腹部略带紫色，末端有交尾器。

黑点蚧介壳

黑点蚧严重为害果实

黑点蚧为害叶片症状

叶片上的黑点蚧介壳

16. 柑橘粉蚧 *Planococcus citri*

柑橘粉蚧又名紫苏粉蚧，属同翅目粉蚧科。我国各主要柑橘产区均有分布。寄主植物有柑橘类、苹果、梨、葡萄、柿、无花果、龙眼、桑和烟草等。若虫和成虫群集于叶背及果蒂部为害，引起落叶、落花和落果，诱发煤烟病。

【形态特征】

(1)雌成虫 肉黄色，椭圆形，长 3～4 毫米，宽 2～2.5 毫米。背脊隆起，具黑色短毛。体背覆盖白色蜡粉，体缘有 18 对粗而短的白色蜡质刺，末端有 1 对发达的足。产卵时在腹部末端形成白色絮状卵囊。雄成虫褐色，长约 1 毫米，有翅 1 对，腹部末端有 2 根较长的尾丝。

(2)卵 椭圆形，淡黄色。

(3)若虫 扁平椭圆形。

(4)蛹 长椭圆形，白色。

柑橘粉蚧群集在果面为害

柑橘粉蚧群集在枝条上为害

柑橘粉蚧为害状

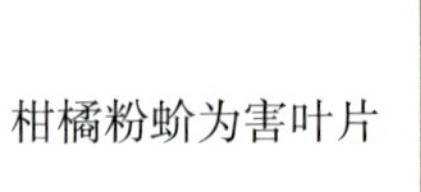

柑橘粉蚧为害叶片

17. 橘小粉蚧 *Pseudococcus citriculus* Green

橘小粉蚧又叫柑橘棘粉蚧，属同翅目粉蚧科。在我国各主要柑橘产区均有分布。除柑橘外，还可为害苹果、桃、梨、李、杏、枣、栗和石榴等多种植物。多集中在叶柄、叶背主脉两侧、果蒂和卷叶等处为害，引起落叶、落果，并诱发煤烟病，影响产量和品质。

【形态特征】

(1)雌成虫 体长2~2.5毫米，椭圆形，淡红色或黄褐色，体外有白色的蜡质分泌物。体缘有17对白色细长蜡刺，最后一对特别长。触角8节，其中第二、第三及顶端节较长。雄成虫体长约1毫米，紫褐色，有翅1对，腹末有2对较长的白色蜡丝。

橘小粉蚧群集在枝叶上为害

(2)卵 椭圆形，淡黄色。

(3)若虫 初孵若虫呈扁椭圆形，淡黄色，二、三龄若虫体表有白色蜡粉，与雌成虫相似。

橘小粉蚧为害枝条

橘小粉蚧为害状

橘小粉蚧在小枝上为害

橘小粉蚧为害嫩叶

18. 柑橘绵蚧 *Chloropulvinaria aurantii*

柑橘绵蚧又叫龟形绵蚧、黄绿絮蚧，属同翅目蜡蚧科。分布广泛，寄主很多。

【形态特征】

(1)雌成虫　长4~5毫米，椭圆形，扁平，黄绿色或褐色。体缘有绿色或褐色环斑，背中腺有褐色或暗褐色纵带。触角8节；眼点圆形；足细长；触角间有3对长毛，腹部腹板上每节有1对长毛。卵囊长为宽的1~2倍，背面有明显纵脊。雄成虫体长1.2毫米，翅展2.5毫米，淡黄褐色，触角10节，念珠状。腹部末端有4个管状突起及2根白色长毛。

(2)卵　长0.5毫米，近椭圆形，淡黄色。

(3)若虫　扁平，椭圆形，淡黄绿色。

(4)蛹　淡黄色，长1.2毫米，茧长形，龟甲状。

柑橘绵蚧若虫

19. 柑橘粉虱 *Dialeurodes citri* Ashm

柑橘粉虱又名橘黄粉虱、柑橘绿粉虱、白粉虱，属同翅目粉虱科。国内各柑橘产区均有分布，局部地区为害严重。寄主有柑橘、栀子、柿、丁香和女贞等。以幼虫聚集在嫩叶背面为害，严重时可引起枝梢枯死，叶片脱落，并诱发煤烟病，阻碍光合作用，导致树势衰退，严重时可造成叶片畸形和落叶。

【形态特征】

（1）成虫 体淡黄绿色，雌虫体长约1.2毫米，雄虫约0.96毫米。有翅2对，半透明。虫体及翅上均覆盖有蜡质白粉。

（2）卵 淡黄色，椭圆形，长约0.2毫米，表面光滑，以一短柄附于叶背。

（3）幼虫 共有4龄。四龄幼虫体长0.9~1.5毫米，体宽0.7~1.1毫米，尾沟长0.15~0.25毫米。中后胸两侧显著突出。

（4）蛹 大小与幼虫一致，体色由淡黄绿色变为浅黄绿色。

柑橘粉虱成虫

柑橘粉虱成虫在叶片群集为害

蛹壳

柑橘粉虱被粉虱座壳孢菌寄生

粉虱座壳孢菌寄生状

柑橘粉虱为害诱发煤烟病

20. 黑刺粉虱 *Aleurocanthus spiniferus* Quaintance

黑刺粉虱又叫橘刺粉虱、刺粉虱、黑蛹有刺粉虱，属同翅目粉虱科。广泛分布于南方各省区，可为害柑橘、茶、苹果、梨和枇杷等多种植物。主要为害当年生春梢、夏梢和早秋梢。以幼虫聚集叶片背面刺吸汁液，形成黄斑，其排泄物能诱发煤烟病，使柑橘树枝叶发黑，枯死脱落，严重影响植株生长发育，降低产量。

【形态特征】

（1）成虫　体长0.9~1.3毫米，橙黄色，薄被白粉，头、胸淡褐色，雌虫腹部暗橘红色。复眼红色，触角7节，前翅紫褐色，有7个不规则白斑；后翅小，灰色半透明，腹部末端背面有一管状孔，雄虫体较小。

（2）卵　长约0.25毫米，长椭圆形，稍弯曲，有一短柄，附着在叶片上。初产时乳白色，孵化前呈灰黑色。

（3）幼虫　三龄幼虫体长0.7毫米左右，深黑色，体背有刺毛14对，体周围有白色蜡质。

（4）蛹　长0.7~1.1毫米，椭圆形，黑色。

黑刺粉虱雌成虫

黑刺粉虱群集在叶背为害

黑刺粉虱成虫

黑刺粉虱为害状

黑刺粉虱为害诱发煤烟病

黑刺粉虱严重为害的叶片

21. 柑 橘 木 虱 *Diaphorina citri* Kuwayama

柑橘木虱属同翅目木虱科。柑橘木虱是柑橘黄龙病的传病媒介昆虫,也是柑橘各次新梢的重要害虫。以成虫在嫩芽上吸取汁液和产卵,若虫群集在幼芽和嫩叶上为害,导致新梢弯曲,嫩叶变形。若虫的分泌物会诱发煤烟病。主要分布在广东、广西、福建、海南和台湾等省、自治区,浙江、江西、湖南、云南、贵州和四川的部分柑橘产区也有分布。

【形态特征】

(1)成虫 体长约3毫米,体灰青色且有灰褐色斑纹,被有白粉。头顶突出如剪刀状,复眼暗红色,单眼3个,橘红色。触角10节,末端2节黑色。前翅半透明,边缘有不规则黑褐色斑纹或斑点散布，后翅无色透明。足腿节粗壮，跗节 2 节，具 2 爪。腹部背面灰黑色，腹面浅绿色。

（2）卵　长 0.3 毫米，似芒果形，橘黄色，上尖下钝圆有卵柄，初产时乳白色，孵化前变为橘红色。

（3）若虫　体长 1.59 毫米，刚孵化时体扁平，黄白色，二龄后背部逐渐隆起，体黄色，有翅芽露出。三龄带有褐色斑纹。五龄若虫土黄色或带灰绿色，翅芽粗，向前突出，中后胸背面、腹部前有黑色斑状块，头顶平，触角 2 节，复眼浅红色。

柑橘木虱成虫栖息状

柑橘木虱成虫

木虱成虫田间为害状

柑橘木虱若虫

柑橘木虱若虫为害产生白色分泌物

柑橘木虱为害叶片成畸形

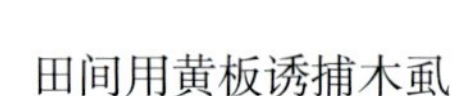

田间用黄板诱捕木虱

木虱成虫为害寄主九里香

22. 橘 蚜 *Toxoptera citricidus* Kirkaldy

橘蚜又名腻虫、蚁虫、橘蚰，属同翅目蚜科。幼、若蚜和成蚜群集在嫩芽、嫩梢、花和花蕾与幼果上吸食为害，使新叶卷缩、畸形，并分泌大量蜜露，诱发煤烟病，使树体生长不良，造成落花、落果，影响产量。橘蚜还是柑橘衰退病的传播媒介。

【形态特征】

（1）无翅孤雌蚜 体宽卵圆形，长宽2毫米×1.3毫米。体黑色，有光泽，复眼红黑色。喙黑色，粗大。体背网纹近六角形，腹网纹横长，腹部缘片表面有微锯齿。前胸和腹部1、7节有乳头状缘瘤，中胸腹岔有短柄。触角长1.7毫米有瓦纹。腹管长0.36毫米，长筒形，上有刺突组成的瓦纹。

（2）有翅孤雌蚜 体长卵形，长宽2.1毫米×1毫米。头、胸部黑色，腹节背面，1节有细横带，3～6节有对大绿斑，腹管前斑大后斑小。触角黑色，第三节上有圆形感觉圈11～17个，翅脉褐色，前翅中脉分3叉，翅痣淡黄色。无翅雄蚜与无翅孤雌蚜相似，体深褐色，后足胫节特别膨大，触角第五节端部仅有1个感觉圈。有翅雄蚜与有翅孤雌蚜相似，雌触角第三节上有感觉圈45个，4节27个，5节14个，6节5个。

（3）卵 椭圆形，淡黄色至黑色。长0.6毫米。

（4）若虫 体黑褐色，复眼红黑色，分有翅、无翅两型。有翅型在三、四龄时长出翅芽，土黄色，末龄体长2.2毫米。

橘蚜为害叶片

橘蚜在新梢上的为害状

有翅及无翅橘蚜为害叶片

无翅橘蚜

有翅橘蚜

瓢虫捕食蚜虫

23. 棉 蚜 *Aphis gossypii* Glover

棉蚜又叫旱虫、腻虫等，属同翅目蚜科。该虫在全国各地均有分布，是柑橘上的一种重要害虫。寄主广泛，除柑橘外，还有荔枝、龙眼、枇杷、杨梅、梨、杏、棉、大豆等100多种植物。其成虫和若虫多为害完全展开的叶片，导致被害叶片皱缩，畸形。还可分泌蜜

露，诱发煤烟病。此外，它还可传播柑橘衰退病。

【形态特征】

成、若虫有无翅型和有翅型 2 种。

(1)无翅胎生雌成蚜 体长 1.5~1.9 毫米，春季时多为深绿色、棕色或黑色。夏季时多为黄绿色。触角仅第五节端部有 1 个感觉圈。腹管短，圆筒形，基部较宽。

(2)有翅胎生雌成蚜 体长 1.2~1.9 毫米，黄色、浅绿色或深绿色。前胸背板黑色，腹部两侧有 3~4 对黑斑。触角短于虫体，第三节有小圆形次生感觉圈 4~10 个，一般 6~7 个。腹管黑色，圆筒形，基部较宽。

(3)卵 椭圆形，长 0.5~0.7 毫米，深绿色至漆黑色，有光泽。

(4)无翅若蚜 夏季为黄白色至黄绿色，秋季为蓝灰色至黄绿色或蓝绿色。复眼红色，无尾片。触角一龄时为 4 节，二至四龄时为 5 节。有翅若蚜夏季为黄褐色或黄绿色，秋季为蓝灰黄色，有短小的黑褐色翅，体上有蜡粉。

有翅型棉蚜和无翅型棉蚜

棉蚜在新梢上的为害状

棉蚜群集在枝条上为害

棕色棉蚜为害花蕾

无翅型棉蚜为害状

24. 橘二叉蚜 *Toxoptera aurantii* Boyer

橘二叉蚜又名茶二叉蚜,属同翅目蚜科。我国各柑橘产区均有分布,为害柑橘、茶和柳等。在柑橘上为害症状与橘蚜相似。

【形态特征】

(1)有翅胎生雌　虫体长1.6毫米,黑褐色,翅无色透明,前翅中脉分二叉,触角蜡黄色,腹部背面两侧各有4个黑斑。

(2)无翅胎生雌蚜　体长2毫米,近圆形,暗褐或黑褐色,腹部和背面有网纹。

有翅雄蚜和无翅雄蚜与相应雌蚜相似。

(3)若虫　与成蚜相似,无翅,淡黄绿色或淡棕色。

橘二叉蚜为害新梢

橘二叉蚜群集在新梢上为害

叶片受害状

有翅型和无翅型橘二叉蚜

25. 绣线菊蚜 *Aphis citricola* Van der Goot

绣线菊蚜又叫卷叶蚜、绿色橘蚜，属同翅目蚜科。我国分布于广东、广西、福建、台湾、浙江、上海、四川、河南、山东、河北、内蒙古等省(直辖市、自治区)。寄主有柑橘、绣线菊、山楂等植物。主要为害寄主植物的幼、嫩枝顶端和嫩叶背面，导致被害叶片向下弯曲。并分泌蜜露，诱发煤烟病。该虫也是柑橘衰退病的传毒媒介昆虫。

【形态特征】

(1)成虫 绣线菊蚜分无翅型和有翅型 2 种。无翅胎生雌成蚜卵圆形，长 1.4~1.8 毫米，宽 0.9~1 毫米。体黄色、黄绿色或绿色，体表有网状纹。头部淡黑色，复眼、口器黑色。口器伸达中足基节窝，触角短于体长。腹管圆筒形，尾片圆锥形，均为黑色。有翅胎生蚜体型稍长。头、胸部黑色，复眼暗红色，口器黑色伸达后足基节窝。触角 6 节，第三节上有感觉圈 6~10 个，第四节上有 2~4 个。腹部绿色或淡绿色，两侧有明显的乳状突起。腹管和尾片均为黑色。

（2）卵　椭圆形，漆黑色。

（3）若蚜　体鲜黄色，触角、足、腹管均为黑色。

绣线橘蚜为害状

绣线橘蚜对新梢的为害状

有翅型和无翅型绣线橘蚜

26. 黑 蚱 蝉　*Cryptotympana atrata* Labricius

黑蚱蝉又叫知了、蚱蝉、蝉等，属同翅目蝉科。寄主广泛，属杂食性害虫，在我国分布广泛。成虫刺吸柑橘枝梢汁液并产卵于小枝条上。产卵时将产卵器刺破枝梢皮层，直达木质部，成锯齿状两排，使枝条失水干枯。为害柑橘产卵多在挂果的结果母枝上，使幼果干枯。

【形态特征】

（1）成虫　黑色或黑褐色，有光泽，被金色细毛。雌虫体长38~44毫米，复眼淡黄褐色，头部中央及颊的上方有红黄色斑纹，触角短，刚毛状。中胸发达，背面宽大，中央高，并有“X”形突起。雄虫体长 44~48 毫米，腹部 1~2 节有鸣器，膜状透明，能振动发声。翅透明，基部 1/3 为黑色。前足粗，腿节发达、有刺。雌虫无鸣器，但有听器和发达的交卵器。

（2）卵 细长，乳白色，长 2~2.2 毫米，宽 0.5 毫米，两端渐尖。

（3）幼虫 刚孵幼虫乳白色，细小如蚁，体长 2 毫米。末龄若虫黄褐色，体长 35 毫米，前足发达，复眼突出。

黑蚱蝉成虫田间栖息状

黑蚱蝉成虫在果实上栖息

黑蚱蝉产卵枝

黑蚱蝉卵

成虫产卵后引起枝条枯死

黑蚱蝉在枝条外部产卵

成虫羽化状

蝉蜕

27. 蟪 蛄 *Platypleura kaempferi* Fabricius

蟪蛄又名褐斑蝉、斑蝉、褐翅蝉，属同翅目蝉科。在全国各地均有分布。以成虫刺吸枝条汁液，产卵于1年生枝梢木质部内，致产卵部位以上枝梢多枯死，对扩大树冠、形成花芽影响很大。若虫生活在土中，刺吸根部汁液，导致树势衰弱。寄主有柑橘、梨、苹果、杏、山楂、桃、李、梅、柿和核桃等。

【形态特征】

(1)成虫　体长约23毫米，翅展宽65~75毫米，3个单眼红色，呈三角形排列，头部和前、中胸板为暗绿色至暗黄褐色，具黑色斑纹，前胸宽于头部，腹部呈黑色，每节后缘为暗绿或暗褐色，翅透明，呈暗褐色，前翅具深浅不一的黑褐色云状斑纹，斑纹不透明。后翅呈黄褐色。吻长，黄绿色，有黑色条纹，雄虫腹部有发音器，夏末自早至暮鸣声不息。

(2)卵　梭形，长1.5毫米，开始为乳白色，后呈黄色。

(3)若虫　体长18~22毫米，呈黄褐色，有翅芽，形似成虫，腹背微绿，前足腿、胫节发达有齿，为开拓足。

蟪蛄成虫

蟪蛄成虫交尾状

蟪蛄成虫在树干上栖息

蟪蛄蜕皮壳

28. 花蕾蛆 *Contarinia citri* Brnes

花蕾蛆又名柑橘蕾瘿蚊，属双翅目瘿蚊科。柑橘花蕾蛆的寄主植物仅限于柑橘类。该虫分布很广泛，是柑橘花期的重要害虫，以成虫在花蕾直径2～3毫米时，将卵从其顶端产于花蕾中，幼虫为害花器，受害花蕾缩短膨大，花瓣上多有绿点，不能开放授粉，被害率可达50%以上，对产量有很大影响，同时果实品质变劣。

【形态特征】

（1）成虫 雌虫体长1.5～1.8毫米，翅展4.2毫米，雄虫体型略小，体形似小蚊，灰黄色或黄褐色，周身密被黑褐色柔软细毛，头偏圆复眼黑色。前翅膜质透明，在强光下有金属闪光，翅相简单。触角14节，雌虫为念珠状，各节两端轮生刚毛；雄虫为哑铃形，球部具放射状刚毛和环状毛各1圈。翅椭圆形，翅脉简单，翅面密生黑褐色绒毛。腹部可见8节，节间都有1圈黑褐色粗毛。

（2）卵 长0.16毫米，长椭圆形，无色透明，卵外有一层胶质，具端丝。

（3）幼虫 老熟幼虫体长2.8～3毫米，长纺锤形，橙黄色或乳白色。中胸腹面的“Y”形剑骨片前岔深凹，褐色；三龄幼虫腹端具2个骨质的圆突起，外围有3个小刺。前胸和腹部第一至第八节共有气门9对，后气门很发达。

（4）蛹 体长1.6～1.8毫米，纺锤形，体表有一层胶质透明的蛹壳，初为乳白色，渐变为黄褐色，近羽化时复眼和翅芽变为黑褐色。触角向后伸到腹部第二节，3对足伸至第七腹节末端；腹部各节背面前缘有数列毛状物。

受害花蕾与正常开放的花

受害花蕾不能开放

花蕾蛆幼虫

被害花蕾缩短膨大，花瓣上有绿点

29. 星天牛 *Anoplophora chinensis* Forster

星天牛又名盘根虫、花牯牛、抱脚虫等，属双翅目天牛科。国内分布于各柑橘产区，寄主除柑橘外，还有苹果、梨、樱桃等多种植物。幼虫先在柑橘根颈及根部皮层为害，约2个月后向木质部蛀食，使植株生长衰退乃至死亡。成虫咬食嫩枝皮层，形成枯梢，也食叶成缺刻状。

【形态特征】

(1)成虫 体漆黑色，有金属光泽，体长19～39毫米，宽6～14毫米。触角3～11节，每节基部有淡蓝色毛环。雌虫触角略长于体，雄虫则超过体长1倍。前胸背板有3个瘤状突起，侧刺突粗壮。

(2)卵 长圆筒形，略弯，长5～6毫米，乳白色，孵化前变黄褐色。

（3）幼虫 初孵时体长约 4 毫米，老熟时体长 45 ~ 67 毫米，体乳白色至淡黄色，头部前端黑褐色，体被稀疏褐色细毛。前胸背板前半部有 2 个黄褐色飞鸟形花纹，后半部则有 1 块黄褐色略隆起的“凸”字形斑纹。胸足已全部退化，中胸腹面、后胸及腹部第一至第七背腹两面均有移动器。

（4）蛹 长约 30 毫米，乳白色，老熟时呈黑褐色，触角细长，卷曲，体形与成虫相似。

星天牛成虫交尾状

星天牛成虫啃食枝条皮层

星天牛成虫为害状

星天牛产卵处有树脂泡沫流出

星天牛幼虫

星天牛幼虫为害排出的木屑粪便

30. 褐天牛 *Nadezhdiella cantori* Hope

褐天牛又叫橘天牛、黑牯牛、桩虫、牛头夜叉和牵牛虫等，属鞘翅目天牛科。国内各柑橘产区均有发生，寄主除柑橘外，还可为害葡萄和黄皮等。以幼虫为害寄主植物的主干和主枝，受害后植株树干内蛀道纵横，影响水分和养分的输送，导致树势衰退，甚至死亡，枝干也容易折断。

【形态特征】

（1）成虫 体长26～51毫米，体宽10～14毫米。初羽化时为褐色，后变为黑褐色，有光泽，并具灰黄色绒毛。头顶复眼间有1深纵沟，触角基瘤前，额中央具2条弧形深沟。雌虫触角长度等于或略短于体长，雄虫超过体长1/3～1/2。

（2）卵 椭圆形，长约3毫米，卵壳有网纹。初产时乳白色，孵化前呈灰褐色。

（3）幼虫 老熟时体长46～56毫米，乳白色，扁圆筒形。口器上除上唇为淡黄色外，余为黑色。3对胸足未全退化，尚清晰可见。中胸的腹面、后胸及腹部第一至第七节背腹两面均具移动器。

（4）蛹 淡黄色，体长约40毫米，翅芽叶形，长达腹部第三节后缘。

褐天牛成虫在枝条上栖息状

褐天牛成虫

褐天牛成虫交尾状

褐天牛在树干内的蛀道(横切面)

褐天牛为害树干症状

褐天牛幼虫

褐天牛产卵处有黏液流出

褐天牛越冬成虫

31. 稻 绿 蝽 *Nezara viridula* Linnaeus

稻绿蝽属半翅目蝽科。稻绿蝽分布很广，为世界性害虫。该虫食性杂，除为害水稻外，还为害小麦、高粱、玉米、豆类、棉花、烟草、芝麻、蔬菜、甘蔗和柑橘等多种作物。

【形态特征】

(1)成虫 体长12~15毫米，宽6~8.5毫米，全体青绿色，复眼黑色。小盾片长三角形，末端超出腹部中央，其前缘有3个横列的小黄白点。前翅长于腹末，爪末端黑色。

(2)卵 成块，常排成2~6行。卵粒圆筒形，初产淡黄色，将孵化时红褐色。

(3)若虫 共5龄，酷似成虫。初孵化时黄红色，末龄若虫绿色，但前胸和翅芽的侧缘淡红色，腹部各节边缘有半圆形红斑，触角和足红褐色，腹背正中有3对纵列白斑。前胸背板和小盾片上各有4个小黑点排列成梯形。前翅芽中央和内侧各有1个小黑点。

稻绿蝽成虫

稻绿蝽若虫

成虫在果实上的为害状

32. 长吻蝽 *Rhyncholoris humeralis*（Thunberg）

属半翅目蝽科。长吻蝽又名角肩蝽、橘大绿蝽、橘棘蝽。我国大多数柑橘产区均有分布。为害柑橘、沙果、梨等果树。若虫和成虫以针状口器插入果皮吸取汁液，引起落果，未脱落的果实小而硬，水分少，味淡、品质下降。也可在枝梢幼嫩部分吸食汁液，引起叶片枯黄，嫩枝干枯。

【形态特征】

（1）成虫 体长22毫米左右，长盾形，绿色，也有淡黄、黄褐或棕褐等色，前盾片及小盾的绿色更深。雌虫腹部末端的生殖节中央分裂，雄虫则不分裂。

（2）卵 为圆桶形，长2.5毫米，灰绿色，底部有胶质粘于叶上。

（3）若虫 共5龄，初孵若虫淡黄色，椭圆形，二龄若虫体赤黄色，腹部背面有3个黑斑；三龄若虫触角第四节端部白色；四龄若虫前胸与中胸特别增大，腹部黑斑又增多2个；五龄若虫体绿色。

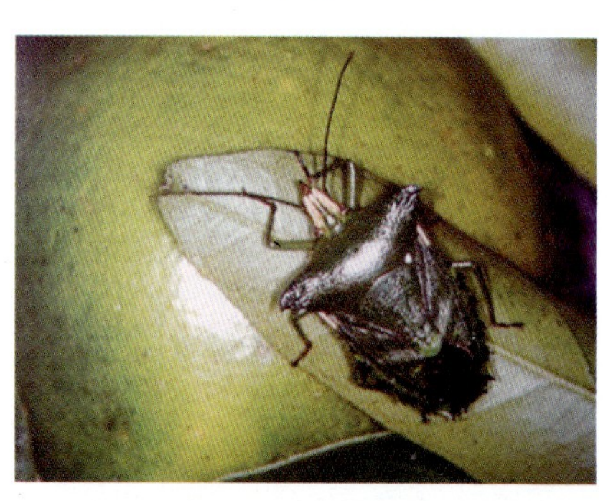

长吻蝽成虫

果实受害状

田间受害的果实

33. 曲胫侎缘蝽 *Mictis tenebrosa* Fabricius

曲胫侎缘蝽属半翅目缘蝽科。主要为害柑橘、油茶、柿、花生等,成虫在嫩茎上吸食汁液,2~3天内导致嫩梢凋萎,终至焦枯,影响橘树的树势。

【形态特征】

(1)成虫　体长24~28毫米,宽8~12毫米,体黑褐色,被黄色毛,头小。触角第一至第三节同体色,第四节及各足跗节橘黄色。前胸背板前角显著,侧缘稍向内弓,具6~7个齿状突起,侧角圆形,稍向上翘,后缘中央平直,后胸侧板臭腺孔外侧有一淡黄色小突起,小盾片三角形,不超爪片,具浓密横皱纹。前翅膜片黑色,翅脉多分叉,前翅与腹部末端齐。前、中足股节长于胫节;雄虫后足股节较雌虫粗,腹面中央后方有一个强刺,后足胫节腹面中央后方有一个刺状突起,背腹两面均扩展;雌虫腹部较宽,颜色较浅,后足股节较细。

(2)卵　椭圆形,紫褐色,外被一层灰白色霜状物;长2.5毫米~2.8毫米,宽1.6毫米,略呈腰鼓状,横置,卵块排列方式为链状,卵相连;卵壳表面六边形网纹隐约可见,假卵盖位于卵一端上方,近圆形,稍隆起,周线清楚。孵化时,由卵前极薄卵壳环处开裂,假卵盖易脱落,胚胎表皮蜕留于空卵壳内。

(3)若虫　成长若虫体长为16~22毫米,体宽6.5~9毫米。初孵一龄若虫腹部背面边缘黄色,腹节棕黑色,节间膜乳白色,头部及胸部棕黑色;刚蜕皮二至五龄若虫通体色浅黄褐色,次日颜色加深为黄黑色,有光泽,后变为棕黑褐色。各龄若虫触角第四节基半部乳白色,略带黄色,端半部棕黑。

曲胫侎缘蝽成虫

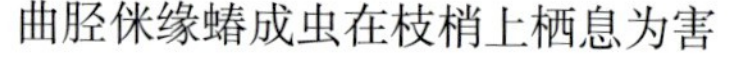
曲胫侎缘蝽成虫在枝梢上栖息为害

果实受害状

34. 珀 蝽 *Plautia fimbriata*（Fabricius）

珀蝽又名朱绿蝽、克罗蝽，属半翅目蝽科。寄主植物有水稻、大豆、菜豆、玉米、芝麻、苎麻、茶、柑橘、梨、桃、柿、李、泡桐、马尾松、枫杨和盐肤木等。我国各地均有分布。造成果实严重损伤而落果，挂在树上的果实也降低可溶性固形物含量，被害果的果皮内膜留下明显的损伤痕迹，甚至丧失食用价值，并引起贮运和保鲜中的提前腐烂。

【形态特征】

(1)成虫 体长 8～11.5 毫米，宽 5～6.5 毫米。长卵圆形，具光泽，密被黑色或与体同色的细点刻。头鲜绿，触角第二节绿色，3～5 节绿黄，末端黑色；复眼棕黑，单眼棕红。前胸背板鲜绿。两侧角圆而稍凸起，红褐色，后侧缘红褐。小盾片鲜绿，末端色淡。前翅革片暗红色，刻点粗黑，并常组成不规则的斑。腹部侧缘后角黑色，腹面淡绿，胸部及腹部腹面中心淡黄，中胸片上有小脊，足鲜绿色。

(2)卵 长 0.94～0.98 毫米，宽 0.72～0.75 毫米。圆筒形，初产时灰黄，渐变为暗灰黄色。假卵盖周缘具精孔突 32 枚，卵壳光滑，网状。

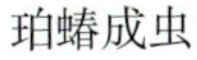
珀蝽成虫

珀蝽成虫在幼果上栖息

35. 麻皮蝽 *Erthesina fullo* Thunberg

麻皮蝽别名黄斑蝽、麻椿象、臭屁虫、臭大姐，属半翅目蝽科。在我国主要分布于辽宁、河北、山西、陕西、山东、江苏、浙江、江西、广西、广东、四川、贵州和云南等许多省区；另外，日本和东南亚各国也有分布。寄主有白蜡、榆、柿、合欢、悬铃木、桃、国槐、刺槐、泡桐、樱花和海棠等多种园林植物。以成虫和若虫吸食叶片、嫩茎尖、幼果的汁液，影响被害植物的正常生长。

【形态特征】

(1)成虫 体长 21 ~ 25 毫米，宽 10 ~ 12 毫米。体背黑色，散布有不规则的黄色斑纹，并有刻点及皱纹。头部突出尽背面有 4 条黄白色纵纹从中线顶端向后延伸至小盾片基部。触角黑色，末节基部、腹部各节侧接缘中央、胫节中段为黄色。前胸背板及小盾片为黑色，有粗刻点及散生的白点。腹部背面黑色，侧接缘黑白相间或稍带老色及微红。

(2)卵 长圆形，光亮，卵高 2.2 毫米，粗 1.5 毫米，假卵盖直径 1.2 毫米。卵块通常 12 粒，排成四行。卵产在寄主植物叶背面，初产的卵淡绿色，近孵化时呈深黄色。

(3)若虫 初孵化的一龄若虫围在卵块的周缘。初龄若虫胸、腹部有许多黄、黑相间的横纹。后足基节旁有挥发性臭腺的开口、遇敌时即放出臭气。

麻皮蝽成虫

麻皮蝽成虫在主干上栖息

麻皮蝽成虫

36. 爆皮虫 *Agrilus citri* Mats

柑橘爆皮虫又叫柑橘锈皮虫、锈皮虫、柑橘长吉丁虫，属鞘翅目吉丁虫科。以成虫和幼虫为害主干树皮的韧皮部和木质部，造成千疮百孔，大量流胶，死树毁园，成虫尚可为害嫩叶，形成小缺刻。

【形态特征】

（1）成虫　体长宽 6.5～9.1 毫米×1.6～2.7 毫米，古铜色，具金属光泽，复眼黑色。触角 11 节，前胸背板密布指纹状皱纹。鞘翅狭长，有灰、黄、白色的短毛密集成不规则的波状纹，足末端呈“V”形，紫铜色，密布细小刻点，上有金黄色花斑，翅端部有细小齿状突起。腹部 6 节，上有小刻点和细绒毛。

（2）卵　椭圆形扁平，长宽 0.7～0.9 毫米×0.5～0.6 毫米。初乳白色，后变为土黄色至褐色。

(3)幼虫 体扁平细长，乳白色或淡黄色，表皮多皱褶。头甚小，褐色，陷入前胸，前胸特别膨大，背面呈扁圆形，其背、腹面中央有一褐色纵沟，沟末分叉。腹末有1对黑褐色钳状突。一龄幼虫体长1.5～2毫米，乳白色，头与钳状突淡黄色。二龄体长2.5～6毫米，色淡黄。三龄体长6～14毫米，淡黄色，背中线色深。四龄体长12～20毫米，初细长扁平，后变粗短。

(4)蛹 纺锤形，长9～12毫米，乳白色，后变淡黄色，最后一次呈蓝黑色，有金属光泽。

柑橘爆皮虫成虫

柑橘爆皮虫为害造成果树枯死

柑橘爆皮虫幼虫

柑橘爆皮虫为害状

爆皮虫为害状

37. 溜 皮 虫 *Agrilus sp*

溜皮虫又名柑橘缠皮虫,属鞘翅目吉丁虫科。仅为害柑橘类植物。以成虫取食嫩叶为害，幼虫为害 2 ~ 3 厘米直径大小的枝条,使养分运输受阻,导致枝条枯死。

【形态特征】

(1)成虫 体长 9.5 ~ 10.5 毫米,宽 2.5 ~ 3 毫米,全体黑色;腹面呈现绿色;头部具纵行皱纹。前胸背板有较粗的横列皱纹。翅鞘上密布细小刻点,并有不规则的白色细毛,形成花斑。触角锯齿状,11 节。复眼黄褐色,肾状形。

(2)卵 馒头形,直径 0.17 毫米,初产时乳白色,渐变黄色,孵化前变为黑色。

(3)幼虫 老熟时,体长 26 毫米左右,体扁平,白色。胴部 13 节。前胸特别膨大,黄色,中央有一条纵带,中央隆起,各节前狭后宽,腹部末端有黑褐色钳形突起 1 对。

成虫

低龄幼虫为害后的流胶症状

(4)蛹 纺锤形,体长 9 ~ 12 毫米，宽约 3.7 毫米,先为乳白色,羽化前呈黄褐色。

幼虫为害状

38. 恶性叶甲 *Clitea metallica* Chen

恶性叶甲又叫恶性叶虫、黑叶跳虫、潺虫等，属鞘翅目叶甲科。在我国各柑橘产区均有分布，寄主仅限柑橘类。幼虫和成虫均可为害柑橘的嫩叶、嫩茎、花和幼果。局部地区为害严重。

【形态特征】

（1）成虫 长椭圆形，雌成虫体长 3～3.8 毫米，体宽 1.7～2 毫米，雄虫略小。头、胸及鞘翅均为蓝黑色，有光泽，口器、足及腹部腹面均为黄褐色，胸部腹面黑色。触角 11 节，其腹部至复眼后缘有倒“八”字形沟纹。前胸背板密布小刻点，在每一鞘翅上小刻点排为 10 纵列。

（2）卵 长椭圆形，长约 0.6 毫米，初为白色，近孵化时为深褐色。

恶性叶甲成虫

（3）幼虫 共 3 龄，末龄幼虫体长 6 毫米左右。头部和足黑色，胸、腹部草黄色，半透明。前胸背板上有半月形的硬皮，分成左右 2 块，中、后胸两侧各有 1 个黑色突起。蛹椭圆形，长约 2.7 毫米，初为黄色，后变为橙黄色，腹部末端有 1 对色泽较深的叉状突起。

39. 潜叶甲 *Podagricomela nigricollis*

潜叶甲又叫柑橘潜叶跳甲、橘潜斧、橘潜叶虫等，属鞘翅目叶甲科。寄主仅限于柑橘类。成虫在叶背取食叶肉，仅留叶面表皮，幼虫蛀食叶肉形成长形弯曲的隧道，使叶片萎黄脱落。国内分布于长江以南地区，以广东、福建、浙江、四川等省发生较多。

【形态特征】

(1)成虫 卵圆形，背面中央隆起，体长 3～3.7 毫米，宽 1.7～2.5 毫米，雌虫略大于雄虫。头向前倾斜，色泽常有变化，通常头部、前胸背板、足和触角端部 8 节均为黑色。鞘翅橘黄色，肩角黑色，每鞘翅上的刻点排成整齐的 11 列。雄虫腹端 3 列，中央下凹，色泽较深，刚毛很多，雌虫腹末圆形，中央不凹陷，色泽较浅，刚毛少。

(2)卵 椭圆形，长 0.68～0.86 毫米，宽 0.29～0.46 毫米，黄色，横粘于叶上，多数表面附有褐色排泄物。

(3)幼虫 共 3 龄，初孵时体长 4.7～7 毫米。全体浓黄色，但头部色较。前胸背板硬化，从中胸背板起宽度渐减，各胸节前狭后宽几成梯形，每节两侧有黑褐色突起。蛹长 3～3.5 毫米，宽 1.9～2 毫米，淡黄至浓黄色。

成虫

成虫交尾状

潜叶甲为害状

潜叶甲为害叶片

幼虫

40. 枸橘潜叶甲 *Podagricomela weisei* Heikertinger

枸橘潜叶甲又名拟恶性叶甲、潜叶绿跳甲、枸橘潜斧等，属鞘翅目叶甲科。寄主仅限于柑橘类。以成虫取食叶片叶肉，仅留表皮或食成缺刻或孔洞。

【形态特征】

（1）成虫 体宽椭圆形，头呈黄褐色，向前倾斜；复眼黑色，小盾片呈淡红色，触角丝状 11 节，基部 4 节黄褐色。前胸背板和鞘翅通常为金属绿色，前胸背板上有细微刻点，每翅上有纵行刻点沟纹 11 行，多为 9 行，胸部腹面呈黑色，足橘黄色。成虫与恶性叶甲成虫形态相似。

（2）卵 椭圆形，初为黄色，孵化前微带灰色。

（3）幼虫 体扁平，黄色，头部色较深，胸部前狭后宽呈梯形状，前胸背板硬化，足暗灰色。

（4）蛹 呈深灰色，头部向下弯曲，复眼肾形。

成虫

枸橘潜叶甲为害叶片

枸橘潜叶甲为害花

幼虫

受害叶片

枸橘潜叶甲为害状

41. 铜绿金龟子 *Anomala corpulenta* Motschulsky

铜绿金龟子属鞘翅目金龟子科。是一种杂食性害虫。除为害梨、桃、李、葡萄、苹果、柑橘等果树外，还为害柳、桑、樟、女贞等林木。多在夜间活动，有趋光性。有的种类还有假死现象，受惊后即落地装死。

【形态特征】

（1）成虫 体长 18～21 毫米，宽 8～10 毫米。背面铜绿色，有光泽，前胸背板两侧为黄色。鞘翅有栗色反光，并有 3 条纵纹突起。雄虫腹面深棕褐色，雌虫腹面为淡黄褐色。

（2）卵 圆形，乳白色。

（3）幼虫 称蛴螬，乳白色，体肥，并向腹面弯成“C”形，有胸足3 对，头部为褐色。

铜绿金龟子成虫

成虫交尾状

幼虫

42. 白星花金龟 *Liocola brevitarsis* Lewis

属鞘翅目花金龟科。别名白纹铜花金龟、白星花潜、白星金龟子、铜克螂。分布全国各地。可为害柑橘、葡萄、桃、苹果、柿、枣、梨等果树。以成虫为害成熟果实为主,也可食害幼嫩的菜叶、花,影响开花、结果。

【形态特征】

(1)成虫　体型中等,体长 17~24 毫米,体宽 9~12 毫米。椭圆形,背面较平,体较光亮,多为古铜色或青铜色,有的足绿色,体背面和腹面散布很多不规则的白绒斑。

白星花金龟成虫

鞘翅宽大,肩部最宽,后缘圆弧形,缝角不突出;背面遍布粗大刻纹,肩凸的内、外侧刻纹尤为密集,白绒斑多为横波纹状,多集中在鞘翅的中、后部。

(2)卵　圆形至椭圆形,呈乳白色,长 1.7~2 毫米。

(3)老熟幼虫　体长 2.4~3.9 毫米,体柔软肥胖且多皱纹,弯曲呈"C"形。头部褐色,胴部呈乳白色,腹末节膨大。

(4)蛹　卵圆形,呈黄白色,裸蛹,体长 20~23 毫米,蛹外包以土室,土室长 23~26 毫米。

成虫群集在枝上为害

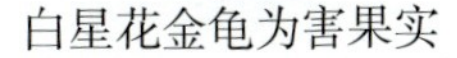
白星花金龟为害果实

成虫交尾状

43. 斑喙丽金龟 *Adoretus tenuimaculatus* Waterhouse

斑喙丽金龟又名茶色金龟子，属鞘翅目丽金龟科。我国大部分地区都有分布。主要寄主有柑橘、枣、柿、葡萄、板栗、梨、苹果、杏、李、枫杨和榆等果树和林木以及玉米、丝瓜、菜豆、芝麻和棉花等作物。主要以成虫取食叶片为害。斑喙丽金龟是重要农林害虫之一。食性杂，食量大，虫口多，为害集中。

【形态特征】

（1）成虫 成虫体长 9.4 ~ 10.5 毫米，体宽 4.7 ~ 5.3 毫米。体褐色或棕褐，腹部色泽常较深。全体密被乳白色披针形鳞片，光泽较暗淡。体狭长、椭圆形。头大，唇基近半圆形，前缘高高折翘，头顶隆拱，复眼圆大，上唇下缘中部呈“T”形，延长似喙，喙部有中纵脊。触角 10 节，鳃片部 3 节。前胸背板甚短阔，前后缘近平行，侧缘弧形扩出，前侧角锐角形，后侧角钝角形。小盾片三角形。鞘翅有 3 条纵肋纹可辨，在纵肋纹Ⅰ、Ⅱ上常有 3 ~ 4 处鳞片密聚而呈白斑，端凸上鳞片常十分紧挨而成明显白斑，其外侧尚有 1 较小白斑。臀板短阔，呈三角形，端缘边框扩大成 1 个三角形裸片（雄）。前胸腹板垂突尖而突出，侧面有一凹槽。后足胫节外缘有 1 小齿突。

（2）卵 长椭圆形，长 1.7 ~ 1.9 毫米，宽 1 ~ 1.7 毫米，乳白色。

（3）幼虫 体长 16 ~ 20 毫米，乳白色。头部棕褐色。胸足 3

对。腹部9节，第九节为9~10节愈合成的臀节。肛腹片后部的钩状刚毛较少，排列均匀，前部中间无裸区。

（4）蛹　长11~12毫米，乳黄色或黄褐色。腹末端有褐色尾刺。

成虫为害状

成虫

44. 大灰象鼻虫 *Sympiezomia citri* Chao

大灰象鼻虫又名柑橘灰象虫、泥翅象虫等，属鞘翅目象甲科。分布非常普遍，主要分布于福建、广东、浙江、湖南、广西、四川等省（自治区）。食性较杂，除为害柑橘外，还可为害棉、麻、甜菜、豆类、瓜类及苹果、梨和森林苗木等多种水果和木本植物。以成虫为害柑橘的新叶、幼果和花，老叶受害常造成缺刻，嫩叶受害严重时被吃光，嫩梢被啮食成凹沟，严重时萎蔫枯死。啃食幼果，果皮表面残留伤痕。

【形态特征】

（1）成虫　体长9.5~12毫米，宽3~5.5毫米，体灰黄或灰黑色。头管粗而宽，表面有3条纵沟，中央一沟黑色。翅鞘上有纵沟，并有明显的褐色短纵斑纹。

（2）卵　长筒形，略扁，长1.1~1.4毫米，初产时为乳白色。

（3）幼虫　末龄时体长11~13毫米，呈淡绿色，头部为黄褐色。

（4）蛹　呈淡黄色，长7.5~12毫米。

成虫

成虫为害状

雌雄成虫

成虫为害枝条

成虫交尾状

45. 大绿象鼻虫 *Hypomeces squamosus* Fabricius

大绿象鼻虫别名蓝绿象、绿绒象虫、棉叶象鼻虫、大绿象虫等，属鞘翅目象甲科。分布河南、江苏、安徽、浙江、江西、湖北、湖南、广东、广西、福建、台湾、四川、云南、贵州等省、自治区。寄主有茶、油茶、柑橘、棉花、甘蔗、桑树、大豆、花生、玉米、烟和麻等。以成虫食叶成缺刻或孔洞，为害新植果树叶片，致植株死亡。

【形态特征】

(1)成虫　体长 15～18 毫米，体黑色，表面密被闪光的粉绿色鳞毛，少数灰色至灰黄色，表面常附有橙黄色粉末而呈黄绿色，有些个体密被灰色或褐色鳞片。头管粗。背面扁平，具纵沟5条。触角短粗。复眼明显突出。前胸宽大于长，背面具宽而深的中沟及不规则刻痕。鞘翅上各具10行刻点。雌虫胸部盾板茸毛少，较光滑，鞘翅肩角宽于胸部背板后缘，腹部较大；雄虫胸部盾板茸毛多，鞘翅肩角与胸部盾板后缘等宽，腹部较小。

成虫

（2）卵　长约1毫米，卵形，浅黄白色，孵化前暗黑色。

（3）幼虫　末龄幼虫体长15～17毫米，体肥大多皱褶，无足，乳白色至黄白色。

（4）蛹　裸蛹长14毫米左右，黄白色。

46. 小绿象鼻虫 *Platymycteropsis mandarinus* Fairmaire

小绿象鼻虫属鞘翅目象甲科。寄主有柑橘、桃、李、荔枝、龙眼等，成虫咬食新梢嫩叶，造成叶片残缺不全，还可咬断花穗及果柄，造成落花落果。

成虫

【形态特征】

成虫体长5～9毫米，长椭圆形，触角细长，体上密被淡绿色或黄绿色鳞片，鞘翅有10条刻点组成的纵纹。

47. 嘴壶夜蛾 *Oraesia emarginata*

嘴壶夜蛾属鳞翅目夜蛾科。嘴壶夜蛾在我国各柑橘产区均有

分布，是为害柑橘的吸果夜蛾的优势种，分布最广，为害最重。除为害柑橘果实外，还可为害苹果、桃、葡萄、杨梅、枇杷等多种果实。成虫以锐利、有倒刺的坚硬口器刺入果皮，吸食果肉汁液，果面留有针头大的小孔，果肉失水呈海绵状，被害部变色凹陷，后腐烂脱落。

【形态特征】

(1)成虫　体长16～19毫米，翅展34～40毫米，头部和足淡红褐色，腹部背面灰白色，其余多为褐色。口器深褐色，角质化，先端尖锐，有倒刺10余条。雌蛾触角丝状，前翅茶褐色，有“N”形花纹，后缘呈缺刻状。雄蛾触角栉齿状，前翅色泽较浅。

(2)卵　呈扁球形，直径0.7～0.75毫米，高约0.68毫米。初产时黄白色，1天后出现暗红色花纹，卵壳表面有较密的纵向条纹。

(3)幼虫　共6龄，老熟时长30～52毫米。全体黑色，各体节有1大黄斑和数目不等的小黄斑组成亚背线，另有不连续的小黄斑及黄点组成的气门上线。

(4)蛹　为红褐色，体长18～20毫米，宽5～6毫米。

成虫

果实受害状

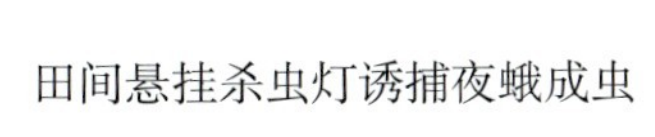

田间悬挂杀虫灯诱捕夜蛾成虫

48. 鸟嘴壶夜蛾 *Oraesia excavata* Butler

鸟嘴壶夜蛾属鳞翅目夜蛾科。鸟嘴壶夜蛾在我国分布于华北地区，河南、陕西、安徽、江苏、浙江、福建、广东、广西、湖南、湖北、云南及台湾等省、自治区。鸟嘴壶夜蛾是为害柑橘的一种重要吸果夜蛾。幼虫食害葡萄、木防已的叶片成缺刻与孔洞。成虫以其构造独特的虹吸式口器插入成熟果实吸取汁液，造成大量落果及贮运期间烂果。除柑橘外，还可为害荔枝、龙眼、黄皮、枇杷、葡萄、桃、李、柿和番茄等多种果蔬成熟的果实，常造成巨大的经济损失。

【形态特征】

(1)成虫　体长 23～26 毫米，翅展 49～51 毫米，褐色。头和前胸赤橙色，中、后胸为褐色，腹部背面呈灰褐色。成虫翅紫褐色，具线纹，翅尖钩形，外缘中部圆突，后缘中部呈圆弧形内凹，自翅尖斜向中部有两根并行的深褐色线，肾状纹明显。后翅淡褐色，缘毛淡褐色。

(2)卵　呈扁球形，底部平坦，直径约 0.8 毫米，高约 0.6 毫米。卵壳上密布纵纹，初产时为淡黄色，渐变成淡褐色、上有红褐色斑纹。

(3)幼虫　共 6 龄，初孵时为灰色，长约 3 毫米，后变为灰绿色。老熟时为灰褐色或灰黄色，似枯枝，体长 45～60 毫米，体背及腹面均有 1 条灰黑色宽带，自头部直达腹末。头部有 2 个边缘镶有黄色的黑点，第二腹节两侧各有 1 个眼形斑点。头部灰褐色、布满黄褐色斑点，头顶橘黄色，体灰黑色。

(4)蛹　体长 18～23 毫米，宽约 6.5 毫米，暗褐色，腹末较平截。

成虫

雌雄成虫

49. 枯叶夜蛾 *Adris tyrannus* Guenee

枯叶夜蛾又名通草木夜蛾，鳞翅目夜蛾科。分布于辽宁、河北、山东、河南、山西、陕西、湖北、江苏、浙江、台湾等地。成虫吸食近成熟的苹果、梨、柑橘、桃、葡萄、杏、柿、枇杷和无花果的果实汁液。幼虫为害通草、伏牛花、十大功劳。成虫以锐利的虹吸式口器穿刺果皮。果面留有针头大的小孔，果肉失水呈海绵状，以手指按压有松软感觉，被害部变色凹陷、随后腐烂脱落。常招致胡蜂等为害，将果实食成空壳。

【形态特征】

（1）成虫 体长 35～38 毫米，翅展 96～106 毫米，头胸部棕色，腹部杏黄色。触角丝状。前翅枯叶状，灰褐色；顶端很尖，外缘弧形内斜，后缘中部内凹；从顶角至后缘凹陷处有 1 条黑褐色斜线；内线黑褐色；翅脉上有许多黑褐色小点；翅基部和中央有暗绿色圆纹。后翅杏黄色，中部有 1 肾形黑斑。其前端至 M_2 脉；亚端区有 1 牛角形黑纹。

（2）卵 扁球形，直径 1～1.1 毫米，高 0.85～0.9 毫米，顶部与底部均较平，乳白色。

（3）幼虫 体长 57～71 毫米，前端较尖，第一、第二腹节常弯曲，第八腹节有隆起、把 7～10 腹节连成 1 个峰状。头红褐色无花纹。体黄褐或灰褐色，背线、亚背线、气门线、亚腹线及腹线均暗褐色；第二、第三腹节亚背面各有 1 个眼形斑，中间黑色并具有月牙形白纹，其外围黄白色绕有黑色圈，各体节布有许多不规则的白纹，第六腹节亚背线与亚腹线间有 1 块不规则的方形白斑，上有许多黄褐色圆圈和斑点。胸足外侧黑褐色，基部较淡，内侧有白斑；腹足黄褐色，趾钩单序中带，第一对腹足很小，第二至第四对腹足及臀足趾钩均在 40 个以上。气门长卵形黑色，第八腹节气门比第七节稍大。

（4）蛹 长 31～32 毫米，红褐至黑褐色。头顶中央略呈 1 尖突，头胸部背腹面有许多较粗而规则的皱褶；腹部背面较光滑，刻点浅而稀。

成虫为害果实

成虫

枯叶夜蛾成虫

果实受害状

50. 小黄卷叶蛾 *Adoxophyes orana* Fischer von Roslerstamm

小黄卷叶蛾别名苹小卷叶蛾、棉卷蛾、棉褐带卷叶蛾，属鳞翅目卷叶蛾科。分布除西藏未见报道外，广布全国各地。黄河、长江流域，常年密度较大。寄主有茶、油茶、柑橘、梨、李、苹果、桃、桑和棉等多种植物。幼虫卷结嫩叶，潜伏其中取食，造成鲜叶减少，芽梢生长受抑。

【形态特征】

(1)成虫　体长 6～8 毫米，翅展 16～20 毫米。触角丝状，复眼黑色，前翅近长方形，浅褐色。

(2)卵 椭圆形，长径约 0.75～0.86 毫米，卵块呈鱼鳞状排列，上复胶质薄膜。

(3)幼虫 末龄时体长 22 毫米，头部及前胸背板、胸足黄褐色。

(4)蛹 椭圆形，长 10 毫米，淡黄褐色。

成虫

初孵幼虫

幼虫

小黄卷叶蛾为害状

蛹

幼虫

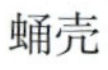

蛹壳

卵

51. 拟小黄卷叶蛾 *Adoxophyes cyrtosema* Meyrick

拟小黄卷叶蛾又叫柑橘褐带卷叶蛾、柑橘丝虫、青虫，属鳞翅目卷叶蛾科。分布于广东、广西、福建、浙江、江西、四川、贵州等省（自治区）。寄主植物除柑橘外还有荔枝、龙眼、苹果、茶、猕猴桃、大豆和花生等 27 种。以幼虫取食幼果、花蕾和嫩叶等，也能蛀入大果中为害。

【形态特征】

（1）成虫 体黄色，长 7～8 毫米，翅展 17～18 毫米。头部有黄褐色鳞毛，下唇须发达，向前伸出。雌虫前翅前缘近基角

1/3 处有较粗而浓黑褐色斜纹横向后缘中后方，在顶角处有浓黑褐色近三角形的斑点。雄虫前翅后缘近基角处有宽阔的近方形黑纹，两翅相合时成为六角形的斑点。后翅淡黄色，基角及外缘附近白色。

（2）卵 椭圆形，长径 0.8～0.85 毫米，横径 0.55～0.65 毫米。卵常排列成鱼鳞状，上覆胶质薄膜，卵块椭圆形，上覆胶质薄膜。

（3）幼虫 初龄时体长约 1.5 毫米，末龄体长为 11～18 毫米。头部除第一龄黑色外，其余各龄皆黄色。前胸背板淡黄色，3 对胸足淡黄褐色，其余黄绿色。

（4）蛹 黄褐色，纺锤形，长约 9 毫米，宽约 2.3 毫米。雄蛹略小。第十腹节末端具 8 根卷丝状钩刺，中间 4 根较长，两侧 2 根一长一短。

成虫

幼虫

拟小黄卷叶蛾为害状

蛹

蛹壳

52. 褐带长卷叶蛾 *Homona coffearia*

褐带长卷叶蛾又叫柑橘长卷蛾、咖啡卷叶蛾、茶卷叶蛾，属鳞翅目卷叶蛾科。在我国各柑橘产区均有分布，局部地区偶可造成严重为害。寄主除柑橘外，还有茶、荔枝、龙眼、梨、苹果、桃、李和枇杷等植物。以幼虫为害寄主植物的花器、果实和叶片。

【形态特征】

(1)成虫 体暗褐色，雌虫体长 8 ~ 10 毫米，翅展 25 ~ 30 毫米，雄虫体长 6 ~ 8 毫米，翅展 16 ~ 19 毫米。头小，头顶有浓褐色鳞片，下唇须上翘至复眼前缘。前翅暗褐色，近长方形；后翅为淡黄色。

(2)卵 淡黄色，椭圆形，长径 0.8 ~ 0.85 毫米，横径 0.55 ~ 0.65 毫米。卵常排列成鱼鳞状，上覆胶质薄膜，卵块椭圆形。

成虫

(3)幼虫 共 6 龄。一龄幼虫体长 1.2 ~ 1.6 毫米，头黑色，前胸背板和前、中、后足深黄色。六龄幼虫体长20～23毫米，体黄绿色，头部黑色或褐色，前胸背板黑色，头与前胸相接的地方有一较宽的白带。

（4）蛹　雌蛹体长12～13毫米，雄蛹8～9毫米，均为黄褐色。第十腹节末端狭小，具8条卷丝状臀棘。

褐带长卷叶蛾为害状

幼虫

卵块

幼虫

蛹

53. 潜叶蛾 *Phyllocnistis citrella*

潜叶蛾又叫画图虫、潜叶虫、橘潜蛾，属鳞翅目橘潜蛾科。在我国各柑橘产区均有发生。寄主植物仅限于柑橘类。以幼虫蛀入嫩叶表皮为害，形成弯曲的虫道，导致叶片卷曲、硬化、脱落，偶尔也可发现蛀入嫩茎和果实表皮，是为害柑橘夏、秋梢的重要害虫。其为害后所造成的伤口有利于溃疡病菌的侵入，为害造成的卷叶常成为螨类等害虫的越冬和聚居场所。

【形态特征】

(1)成虫　体长 1 ~ 1.5 毫米，宽约 0.4 毫米，翅展 4 ~ 4.2 毫米，全体银白色。前翅尖叶形，基部有 2 条黑褐色纵纹，长度约为翅长的1/2，翅中部有一“Y”形黑纹，后翅针叶形，前后翅均有较长缘毛。

(2)卵　椭圆形，无色透明，长 0.3 ~ 0.36 毫米，宽 0.2 ~ 0.28 毫米。

(3)幼虫　体黄绿色，初孵时长约 0.5 毫米，老熟时长约 4 毫米。胸、腹部共 13 节，每节背面有 4 个凹孔整齐排列在背中线两侧，足退化，腹末有 1 对较长的尾状物。

(4)蛹　纺锤形，长约 2.8 毫米，宽约 0.56 毫米，初呈淡黄色，后变为深褐色，外被一薄层黄褐色茧壳。

潜叶蛾成虫

潜叶蛾为害状

受害叶片产生虫道

受害叶片症状

新梢受害状

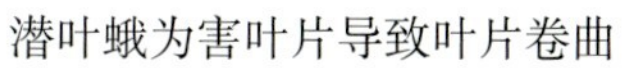

潜叶蛾为害叶片导致叶片卷曲

潜叶蛾为害嫩梢

54. 柑橘凤蝶 *Papilio xuthus* Linnaeus

柑橘凤蝶又名春凤蝶、橘凤蝶、花椒凤蝶、燕尾蝶等，属鳞翅目凤蝶科。分布除新疆未见外，全国各省(自治区)均有分布。以幼虫取食柑橘、花椒和山楂等植物的芽、叶，初龄食成缺刻与孔洞，稍大常将叶片吃光，只残留叶柄。苗木和幼树受害较重。

【形态特征】

(1)成虫　有春型和夏型2种。春型体长21~24毫米，翅展69~75毫米；夏型体长27~30毫米，翅展91~105毫米。雌体略大于雄体，色彩不如雄艳，两型翅上斑纹相似，体淡黄绿至暗黄，体背中央有黑色纵带，两侧黄白色。前翅黑色近三角形，近外缘有8个黄色月牙斑，翅中央从前缘至后缘有8个由小渐大的黄斑，中室基半部有4条放射状黄色纵纹，端半部有2个黄色新月斑。后翅黑色；近外缘有6个新月形黄斑，基部有8个黄斑；臀角处有1橙黄色圆斑，斑中心为1黑点，有尾突。

成虫

(2)卵　近球形，直径1.2~1.5毫米，初黄色，后变深黄，孵化前紫灰至黑色。

卵

(3)幼虫　体长45毫米左右，黄绿色，后胸背两侧有眼斑，后胸和第一腹节间有蓝黑色带状斑，腹部4节和5节两侧各有1条蓝黑色斜纹分别延伸至5节和6节背面相交，各体节气门下线处各有1白斑。臭腺角橙黄色。一龄幼虫黑色，刺毛多；二至四龄幼虫黑褐色，有白色斜带纹，虫体似鸟粪，体上肉状突起较多。

（4）**蛹** 体长29~32毫米，鲜绿色，有褐点，体色常随环境而变化。中胸背突起较长而尖锐，头顶角状突起中间凹入较深。黄绿色，后胸背两侧有眼斑。

初孵幼虫

老熟幼虫

幼虫

蛹

蛹被寄生状

55. 玉带凤蝶 *Papilio polytes* Linnaeus

玉带凤蝶又叫白带凤蝶、黑凤蝶，属鳞翅目凤蝶科。在我国各柑橘产区均有分布。以幼虫为害柑橘、花椒及其他芸香科植物的芽和叶片，初龄时将叶吃成缺刻或孔洞，稍大时常将叶片吃光，仅留叶柄。

【形态特征】

(1)成虫 体长25~32毫米，翅展90~100毫米。全体黑色，头大，触角棒状，胸部背面有10个小白点排成2纵列。雄成虫前翅外缘有7~9个黄白色斑点，愈近臀角者愈大。后翅外缘呈波浪形，有一处突出如燕尾状。翅中部有黄白色斑7个，横全翅似玉带。雌成虫有2型。

(2)卵 圆球形，表面光滑，直径约1.2毫米。初产时淡黄色，后变为黄色，近孵化时变为灰黑色或紫黑色。

(3)幼虫 各龄幼虫体色差异很大，五龄幼虫体为绿色，体长36~45毫米，老熟幼虫头部黄褐色，第四、第五两节两侧有斜形黑褐色间以黄、绿、紫、灰各色斑点花带1条。

(4)蛹 呈角形，长30~35毫米。头棘分叉向前突出，胸部背面隆起如小丘，两侧稍突出。胸、腹部相接处向背面弯曲，腹部第三节显著向两侧突出。

成虫

成虫交尾状

卵

低龄幼虫

五龄幼虫

低龄幼虫为害叶片

三龄幼虫

蛹

被寄生蜂寄生后的蛹

56. 达摩凤蝶 *Princeps demoleus* Linnaeus

达摩凤蝶属鳞翅目凤蝶科。分布于广东、广西、浙江和福建等省(自治区)。为害柑橘类植物。

【形态特征】

(1)成虫 体长32毫米,翅展92毫米。翅面黑色,斑点黄色,后翅肛角附近饰有半月形橙红色斑1个,前角内方有蓝色半圆形斑1个。翅背黑色,亦布满黄色大斑。

(2)卵 圆球形,淡黄色,表面光滑,直径约1.6毫米。

(3)幼虫 老熟时体长约55毫米,绿色,有明显的黑斑,有时在幼虫行走时始可看见。第七及第八腹节背面各有黑点1对,后胸有带状横纹2个,腹部有2个斜纹,斜纹顶端着生圆形黑点,处于节之中央。

(4)蛹 绿色或黄褐色,长约39毫米。

成虫

成虫栖息状

幼虫

卵

老熟幼虫

蛹

57. 大蓑蛾 *Clania variegata* Snellen

大蓑蛾又名大窠蓑蛾、大袋蛾、大背袋虫，鳞翅目蓑蛾科。寄主有茶、油茶、枫杨、刺槐、柑橘、咖啡、枇杷、梨、桃和法国梧桐等。幼虫在护囊中咬食叶片、嫩梢或剥食枝干、果实皮层，造成局部植株光秃。该虫喜集中为害。除外皮可炒熟后食用。我国分布于湖北、江西、福建、浙江、江苏、安徽、天津和台湾等地。

【形态特征】

(1)成虫 雌雄异型。雌成虫体肥大，淡黄色或乳白色，无翅，足、触角、口器、复眼均有退化，头部小，淡赤褐色，胸部背中央有一条褐色隆基，胸部和第一腹节侧面有黄色毛，第七腹节后缘有黄色短毛带，第八腹节以下急骤收缩，外生殖器发达。雄成虫为中小型蛾子，翅展35~44毫米，体褐色，有淡色纵纹。

前翅红褐色，有黑色和棕色斑纹，在 R_4 与 R_5 间基半部、Rs 与 M 隔脉间外缘、M_2 与 M_3 间各有1个透明斑，R_3 与 R_4、M_2 与 M_3 共柄，A 脉与后缘间有数条横脉；后翅黑褐色，略带红褐色；前、后翅中室内中脉叉状分支明显。

(2)卵 椭圆形，直径0.8~1毫米，淡黄色，有光泽。

(3)幼虫　雄虫体长18～25毫米,黄褐色,蓑囊长50～60毫米;雌虫体长28～38毫米,棕褐色,蓑囊长70～90毫米。头部黑褐色,各缝线白色;胸部褐色有乳白色斑;腹部淡黄褐色;胸足发达,黑褐色,腹足退化呈盘状,趾钩15～24个。

(4)蛹　雄蛹长18～24毫米,黑褐色,有光泽;雌蛹长25～30毫米,红褐色。

从护囊中出来的幼虫

大蓑蛾护囊

幼虫

大蓑蛾为害状

58. 茶蓑蛾　*Clania minuscula* Butler

茶蓑蛾又名小蓑蛾、小袋蛾、茶袋蛾、小窠蓑蛾等,属鳞翅目蓑蛾科。分布于山东、山西、陕西、江苏、浙江、安徽、江西、贵

州、云南、福建、台湾、湖北、湖南、广东、广西、四川等省、自治区。寄主有茶、油茶、柑橘、苹果、樱桃、李、杏、桃、梅、葡萄和桑等百余种植物。幼虫在护囊中咬食叶片、嫩梢或剥食枝干、果实皮层，造成植株局部光秃。该虫喜集中为害。

【形态特征】

(1)成虫 雌蛾体长12～16毫米，足退化，无翅，蛆状，体乳白色。头小，褐色。腹部肥大，体壁薄，能看见腹内卵粒。后胸、第四至第七腹节具浅黄色茸毛。雄蛾体长11～15毫米，翅展22～30毫米，体翅暗褐色。触角呈双栉状。胸部、腹部具鳞毛。前翅翅脉两侧色略深，外缘中前方具近正方形透明斑2个。

(2)卵 长0.8毫米左右，宽0.6毫米，椭圆形，浅黄色。

(3)幼虫 体长16～28毫米，体肥大，头黄褐色，两侧有暗褐色斑纹。胸部背板灰黄白色，背侧具褐色纵纹2条，胸节背面两侧各具浅褐色斑1个。腹部棕黄色，各节背面均具黑色小突起4个，呈"八"字形。

(4)蛹 雌蛹纺锤形，长14～18毫米，深褐色，无翅芽和触角。雄蛹深褐色，长13毫米。护囊纺锤形，深褐色，丝质，外缀叶屑或碎皮，稍大后形成纵向排列的小枝梗，长短不一。护囊中的雌老熟幼虫长30毫米左右，雄虫25毫米。

茶蓑蛾为害叶片

茶蓑蛾护囊

护囊悬挂在树干上

59. 白蛾蜡蝉 *Lawana imitata* Melichar

白蛾蜡蝉别名白鸡、白翅蜡蝉，属同翅目蛾蜡蝉科。白蛾蜡蝉具多食性，分布于广西、广东、福建、台湾等省、自治区，主要为害龙眼、芒果、黄皮、葡萄、荔枝、柑橘、木菠萝、番石榴、人面果、人心果、无花果、扁桃等果树和庭院花卉。成虫、若虫群集在较荫蔽的枝干、嫩梢、花穗、果梗上刺吸汁液，所排出的蜜露易诱发煤烟病，致使树势衰弱，受害严重时造成落果或品质变劣。

【形态特征】

(1)成虫　体长14～20.4毫米，翅展42～45毫米，粉绿或黄白色，体被白色蜡粉。头部向前尖突，复眼灰褐色。触角短小，基部三节膨大，其他节细如刚毛。前翅膜质加厚，近三角形，粉绿或黄白色，翅脉多分枝成网状，外缘平直，顶角尖突；后翅白色、黄白色或粉绿色，膜质、柔软、半透明。

(2)卵　长椭圆形，长径0.6毫米，横径0.35毫米，淡黄白色，表面有细网纹，卵粒聚集排列成纵列长条块。

(3)若虫　体躯长椭圆形，略扁平，披白色棉絮状蜡质物；翅芽向体后侧平伸，末端平截；腹端有成束粗长蜡丝。

成虫

若虫

白蛾蜡蝉为害状

60. 碧蛾蜡蝉 *Geisha distinctissima* Walker

碧蛾蜡蝉别名绿蛾蜡蝉、黄翅羽衣、橘白蜡虫、碧蜡蝉，属同翅目蛾蜡蝉科。分布全国大部分产区。偏南密度较大。寄主有茶、油茶、桑、甘蔗、花生、柑橘、柿、桃、李、杏、苹果、梨、葡萄、栗、杨梅和无花果等。严重时枝、茎、叶上布满白色蜡质，致树势锐减。

【形态特征】

(1)成虫 体长约 7 毫米，翅展 21 毫米，黄绿色。顶短，向前略突，侧缘脊状褐色；额长大于宽，有中脊，侧缘脊带状褐色；喙粗短，伸至中足基节；唇基色略深；复眼黑褐色，单眼黄色。前胸背板短，前缘中部呈弧形前突达复眼前沿，后缘弧形凹入，背板上有 2 条褐色纵带；中胸背板长，上有 3 条平行纵脊及 2 条淡褐色纵带。腹部浅黄褐色，覆白粉。前翅宽阔，外缘平直，翅脉黄色，脉纹密布似网状，红色细纹绕过顶角经外缘伸至后缘爪片末端。后翅灰白色，翅脉淡黄褐色。足胫、跗节色略深。

(2)若虫 体扁平，长形，腹末截形，绿色，被白蜡粉，腹末附白色长的绵状蜡丝。

成虫

碧蛾蜡蝉产卵枝

若虫为害枝条

若虫

61. 褐边蛾蜡蝉 *Salurnis marglinella*（Guerin）

该虫属同翅目蛾蜡蝉科。该虫分布于广西、广东、安徽、江苏、浙江、四川等省区，为害龙眼、荔枝、柑橘、油梨和迎春花等。以成虫和若虫聚集在嫩梢上吸食汁液，导致被害枝生长细弱，果实发育不良。为害严重时，导致枝条枯死，树势衰退。其排泄物可引发煤烟病。

【形态特征】

成虫体长 7 毫米。头部黄赭色，顶极短，略呈圆锥状突出，中突具一褐色纵带。触角深褐色，端节膨大，前胸背片较长，约为头长的 2 倍；前缘褐色向前突出于复眼之间，后缘略凹陷呈弧形。中胸背片发达，左右各有 2 条弯曲的侧脊，有红褐色纵带 4 条，其余部分为绿色。腹部侧扁灰黄绿色，被白色蜡粉。前翅绿色或黄绿色，边缘褐色；在爪片端部有一显著的马蹄形褐斑，斑的中央灰褐色；网状脉纹明显隆起。后翅缘白色，边缘完整。前、中足褐色，后呈绿色。

成虫

成虫栖息状

褐边蛾蜡蝉产卵枝

若虫

62. 八点广翅蜡蝉 *Ricania speculum*（Walker）

八点广翅蜡蝉又名八点蜡蝉、八点光蝉、橘八点光蝉、咖啡黑褐蛾蜡蝉、黑羽衣、白雄鸡，属同翅目蜡蝉科。分布广泛，寄主多样。成、若虫喜于嫩枝和芽、叶上刺吸汁液；产卵于当年生枝条内，影响枝条生长，重者产卵部以上枯死，削弱树势。

【形态特征】

（1）成虫　体长 11.5 ~ 13.5 毫米，翅展 23.5 ~ 26 毫米，黑褐色，疏被白蜡粉。触角刚毛状，短小。单眼 2 个，红色。翅革质密布纵横脉呈网状，前翅宽大，略呈三角形，翅面被稀薄白色蜡粉，翅上有 6 ~ 7 个白色透明斑，其分布：1 个在前缘近端部 2/5 处，近半圆形；其外下方 1 个较大不规则形；内下方 1 个较小，长圆形；近前缘顶角处 1 个很小，狭长；外缘有 2 个较大，前斑形状不规则，后斑长圆形，有的后斑被一褐斑分为 2 个。后翅半透明，翅脉黑色，中室端有 1 小白透明斑，外缘前半部有 1 列半圆形小白色透明斑，分布于脉间。腹部和足褐色。

（2）卵　长 1.2 毫米，长卵形，卵顶具 1 圆形小突起，初乳白色渐变淡黄色。

（3）若虫　体长5～6毫米，宽3.5～4毫米，体略呈钝菱形，翅芽处最宽，暗黄褐色，布有深浅不同的斑纹，体疏被白色蜡粉，貌视体呈灰白色，腹部末端有4束白色绵毛状蜡丝，呈扇状伸出，中间1对长约7毫米，两侧长6毫米左右，平时腹端上弯，蜡丝覆于体背以保护身体，常可作孔雀开屏状，向上直立或伸向后方。

成虫

成虫和若虫

八点广翅蜡蝉产卵枝

成虫和若虫

成虫栖息状

若虫为害枝条

若虫

蜕皮壳

63. 山东广翅蜡蝉 *Ricania shantungensis* Chou et Lu

山东广翅蜡蝉属同翅目广翅蜡蝉科。寄主有柑橘、梨、柿、山楂和酸枣等。山东广翅蜡蝉其寄主广泛，几乎所有的苗木、园林树种和果树都能寄生。蜡蝉以若虫及成虫刺吸寄主植物的枝、茎、叶的汁液为害，受害后叶片萎缩，枝条枯萎折断，严重时枝、茎、叶上布满白色蜡质，致使植株生长不良，同时排泄物可诱发煤烟病，影响生长及观赏。

【形态特征】

(1)成虫　体长约 8 毫米，翅展 28 ~ 30 毫米，呈淡褐色略显紫红，被覆稀薄淡紫红色蜡粉。前翅宽大，底色暗褐至黑褐色，被稀薄淡紫红蜡粉而呈暗红褐色，有的杂有白色蜡粉而呈暗灰褐色；前缘外 1/3 处有一纵向狭长半透明斑。后翅呈淡黑褐色，半透明，前缘基部略呈黄褐色，后缘色淡。

(2)卵　长椭圆形，微弯，长约 1.25 毫米，初产时为乳白色，后变为淡黄色。

(3)若虫　体长 6.5 ~ 7 毫米，体近卵圆形，翅芽外宽。头短宽，额大，有 3 条纵脊，近似成虫。初龄若虫，体被白色蜡粉，腹末有 4 束蜡丝呈扇状，尾端多向上前弯而蜡丝覆于体背。

成虫

产卵枝

成虫及幼虫

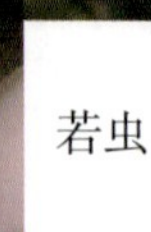

若虫

若虫分泌物

64. 黄刺蛾 *Cnidocampa flaveescens*

黄刺蛾又名红背刺蛾，属鳞翅目刺蛾科。在我国产橘区均有分布。寄主植物有柑橘、梨、桃、柿、梅和苹果等果树。以幼虫取食叶片。

【形态特征】

(1)成虫 体长10～17毫米，翅展20～37毫米，黄色，复眼黑色。前翅黄色，端部褐色，有2条褐色斜纹，在翅尖前合于一点，呈"A"形，外面一条稍弯曲，伸达臀部前方。后翅呈淡黄褐色。

(2)卵 椭圆形，扁平，长约1.6毫米，黄色，几粒或几十粒产在一起。

(3)幼虫 老熟时体长21～25毫米，淡黄绿色。背面有紫褐色斑纹，每节有突起4个，上长刺毛。

(4)蛹 长12～14毫米，椭圆形，外面有灰白色坚硬的茧，上有黑褐色纵纹。

成虫

茧

幼虫

蛹

65. 扁刺蛾 *Thosea sinensis* Walker

扁刺蛾别名黑点刺蛾，属鳞翅目刺蛾科。分布广泛。寄主有苹果、梨、柑橘、樱桃、枇杷、核桃等40多种植物。幼虫取食叶肉，仅残留表皮和叶脉。

【形态特征】

(1)成虫 体长10～18毫米，翅展26～35毫米，灰褐色。前翅有1条暗褐色带，中央有黑点1个。

(2)卵 长椭圆形，扁平，长约1.1毫米，淡黄绿色。

(3)幼虫 老熟时体长21～26毫米，长椭圆形，黄绿色，共11节。背部各节有4个刺突及2个红色斑点。

(4)蛹 长10～15毫米，椭圆形，黄褐色至黑褐色。茧淡褐色，表面坚硬。

成虫

低龄幼虫

高龄幼虫

幼虫为害状

66. 褐刺蛾 *Setora postornata* Hampson

该虫属鳞翅目刺蛾科。又名桑刺蛾、痒辣刺或毛辣虫。在我国柑橘产区均有分布。寄主植物有柑橘、梨、桃、柿、梅和苹果等果树。幼虫取食叶肉，仅残留表皮和叶脉。

【形态特征】

（1）成虫　体长15～18毫米，翅展31～39毫米，全体土褐色至灰褐色。前翅前缘近2/3处至近肩角和近臀角处，各具1暗褐色弧形横线，两线内侧成影状带，外横线较垂直，外衬铜斑不清晰，仅在臀角呈梯形。雌蛾体色、斑纹较雄蛾浅。

（2）卵　扁椭圆形，黄色，半透明。

（3）幼虫　体长35毫米，黄色，背线天蓝色，各节在背线前后各具1对黑点，亚背线各节具1对突起，其中后胸及1、5、8、9腹节突起最大。

（4）蛹　灰褐色，椭圆形。

成虫

低龄幼虫

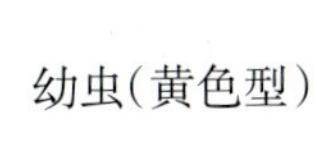

幼虫（黄色型）

幼虫(红色型)

初孵幼虫

67. 油桐尺蠖 *Buzura suppressaria* Guenee

油桐尺蠖又名大尺蠖,属鳞翅目尺蛾科。国内分布于江苏、浙江、安徽、江西等省。幼虫咬食叶片,吃成缺刻或吃光全叶,是一种暴食性害虫。

【形态特征】

(1)成虫　体长19～24毫米,灰白色,密布灰黑色小斑点;雌蛾触角丝状,前、后翅各有3条不规则黄褐色横纹;雄蛾触角羽状,翅纹内外有2条黑褐色,中间1条不明显。

(2)幼虫　老熟时体长约70毫米,初孵时体色黑褐,以后随环境不同而变化,有黄绿、青绿、灰褐、深褐等色,腹部有腹足和臀足各1对。

幼虫

低龄幼虫在叶片边缘直立为害

幼虫

卵块

成虫

68. 柑 橘 大 实 蝇 *Tetradacus citri*

柑橘大实蝇又叫柑蛆、黄果蝇，属双翅目实蝇科。分布于四川、云南、贵州、湖北、湖南、陕西、广西和台湾等省（自治区），是国际和国内植物检疫对象。寄主仅限于柑橘类。以幼虫为害果瓤，严重时满园落果，造成很大损失。

【形态特征】

（1）成虫　体长 10 ~ 13 毫米，翅展 20 ~ 24 毫米。体黄褐色，复眼绿色，单眼三角区黑色，触角黄色。胸部背面中央有深茶褐色“人”字形斑纹，两旁各有较宽的纵纹1条。腹部5节，背面中央有黑色“十”字形斑纹。雌虫产卵管圆锥形，长约6.5毫米。

（2）卵 梭形，一端稍尖，微弯曲，长1.4～1.5毫米，宽0.3～0.4毫米，乳白色，两端微透明。

（3）幼虫 末龄时体长15～18毫米，头宽约2毫米，尾部宽约3.2毫米。虫体由11节组成，圆锥形，前端小后端大，乳白色，口钩黑色。

（4）蛹 黄褐色，椭圆形，长9～10毫米，宽约4毫米。

柑橘大实蝇为害果实

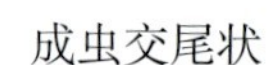

成虫交尾状

幼虫

69. 柑橘小实蝇 *Bactrocera dorsalis* Hendel

属双翅目实蝇科。异名为 *Dacus dorsalis* Hendel。柑橘小实蝇又叫东方果实蝇、果蝇、黄苍蝇。分布于福建、广东、广西、湖南、四川、云南、贵州和台湾等省、自治区，为国内植物检疫对象。寄主除柑橘类外，还有枇杷、杨梅、李、椰子和龙眼等 250 多种植物。以幼虫为害果实，可造成很大损失。幼虫在果内取食为害，常使果实未熟先黄脱落，严重影响产量和质量。据在广州附近调查发现，番石榴、阳桃成熟的夏果受害率普遍为 40% ~ 50%，个别果园竟有超过 80%。

【形态特征】

(1)成虫 体长 6 ~ 8 毫米，翅展 16 毫米，全体深黑色和黄色相间。胸部背面大部分黑色，但黄色的"U"字形斑纹十分明显。腹部黄色，第一至第二节背面各有一条黑色横带，从第三节开始中央有一条黑色的纵带直抵腹端，构成一个明显的"T"字形斑纹。雌虫产卵管发达，由 3 节组成。

(2)卵 梭形，一端稍尖，微弯，长约 1 毫米，宽约 0.1 毫米，乳白色。

(3)幼虫 一龄体长 1.2 ~ 1.3 毫米，二龄 2.5 ~ 5.8 毫米，三龄 7.0 ~ 11 毫米。一龄幼虫体半透明，二、三龄为乳白色，三龄以后的老熟幼虫为橙黄色。体圆锥形，前端小而尖，口钩黑色，气门板内侧纽扣形构造较大而明显。

(4)蛹 蛹为围蛹，椭圆形，长约 5 毫米，宽约 2.5 毫米，淡黄色。

柑橘小实蝇成虫

蛹

成虫栖息在叶片上

柑橘小实蝇为害果实

幼虫

受害果树果实大量脱落

70. 柑 橘 蓟 马　*Scirtothrips citri*

柑橘蓟马属缨翅目蓟马科。柑橘蓟马在我国各柑橘产区均有分布，部分橘区可严重为害。该虫以成、幼虫吸食柑橘的嫩叶、嫩梢和幼果的汁液。幼果受害处产生银白或灰白色的大疤痕，该虫喜欢在幼果的萼片或果蒂周围取食，幼果受害后外观受到较大损害，但对内质影响不大。叶片也可受害，严重时叶片扭曲变形，生长势衰弱。

【形态特征】

（1）成虫　纺锤形，体长约1毫米，淡橙黄色，体表有细毛。触角8节，头部刚毛较长。前翅有纵脉1条，翅上缨毛很细。腹部较圆。

（2）卵　肾脏形，长约0.18毫米。

（3）幼虫　共2龄，一龄幼虫体小，颜色略淡；二龄幼虫大小与成虫相似，无翅，老熟时琥珀色，椭圆形。幼虫经预蛹（三龄）和蛹（四龄）化为成虫。

成虫

胡柚果实受害状

甜橙果实受害状

71. 罗浮山切翅蝗 *Coptacra lofaoshana* Tinkham

罗浮山切翅蝗又名小花蝗、斑腿蝗、花斑蝗等，属直翅目斑腿蝗科。在我国大部分地区都有分布，是橘园中常见的优势种。寄主有柑橘、红薯、玉米、三叶草和多种禾本科牧草。在橘园中，只为害柑橘果实。幼果期被害，轻者果皮和果肉被啃食成深凹不平，后随果实膨大而留下明显疤痕；严重时被咬去果实的1/3～1/2，造成落果。后期被害，啃食外果皮，或取食果内成深洞，引来果蝇、实蝇等大量繁殖为害，导致果实腐烂。

【形态特征】

成虫体中小型，体色有暗褐色、暗红褐色、黄褐色，部分瘤突为黑色。雌虫体长23～27毫米，前翅长20～23毫米，雄虫体长17～18毫米，前翅长17～18毫米，头、胸部密布圆形小瘤突。颜面隆起，侧缘平行，中纵沟明显。郏部密具瘤突。前胸背板中隆线明显，具3条横沟，均切断中隆线，其中后面的1条横沟位于背板中部。前翅发达，呈暗褐色，上具细碎黑斑，超过后股节顶端，顶斜截，翅端部横脉斜。后翅透明，顶褐色。

罗浮山切翅蝗成虫

罗浮山切翅蝗在枝条上栖息

72. 棉 蝗 *Chondracris rosea* De Geer

棉蝗别名大蚱蜢、大青蝗、蹬山倒，属直翅目斑腿蝗科。分布于华北、华东、华南、西南各省区。靠后腿弹跳，后腿极其发达并带刺，比同类发达。除为害棉、甘蔗、豆、甘薯外，还为害柑橘、竹、茶等。食叶成缺刻或孔洞。

【形态特征】

（1）成虫　雄虫体长44～55毫米，翅长43～46毫米：雌虫体长62～80毫米，翅长50～62毫米。身体黄绿色。后翅基部玫瑰红色。头顶中部、前胸背板沿中隆线以及前翅臀脉域具有黄色纵条纹。头较大，短于前胸背板长度；颜面向后倾斜，且隆起扁平。前胸背板粗糙；中隆线高，侧面现呈弧形。雄性腹部末节无尾片，雌性产卵瓣短粗。

（2）卵 长椭圆形，中间稍弯曲。初产时呈黄色，后变褐色。卵块长圆柱状，外面黏有一层薄纱，卵粒不规则地堆积在卵块的下半部，其上为产卵后排出的乳白色泡状物所覆盖。

（3）幼蝻 体呈淡绿色，共6龄，各龄在体色上无明显变化。

棉蝗成虫

成虫为害柑橘叶片

73. 同型巴蜗牛 *Bradybaena similaris* Ferussac

同型巴蜗牛又名小螺丝、触角螺、蜒蚰螺、刚螺、水牛等，属腹足纲有肺目巴蜗牛科。在我国柑橘产区均有分布。寄主植物有柑橘、棉花、大豆、苜蓿、蔬菜、花卉以及杂草等，也可取食食用菌及土壤腐殖质等。以成虫、若虫用齿舌吸食柑橘嫩叶、嫩枝、嫩茎及果实的皮层。叶被咬成缺刻、穿孔或仅成叶脉，果被咬成孔洞，栖居啃食。

【形态特征】

（1）成虫 体形与颜色多变，扁球形，壳高12毫米，宽15毫米，具5~6个螺层，顶部螺层增长稍慢，略膨胀，螺旋部低矮，体部螺层生长迅速，膨大快。贝壳壳质厚而坚实，壳顶较钝，缝合线深，壳面红褐色至黄褐色，具细致而稠密生长线。体螺层周缘及缝合线处常具暗褐色带1条，个别见不到。壳口马蹄状，口缘锋利、轴缘向外倾遮住部分脐孔。脐孔小且深，洞穴状。

（2）**卵**　圆球状，直径约2毫米，初为乳白色，后变浅黄色，近孵化时呈土黄色，具光泽。

同型巴蜗牛在枝干上爬行

同型巴蜗牛为害果实

同型巴蜗牛为害幼果

同型巴蜗牛为害叶片

果实受害状

叶片上受害状

74. 野蛞蝓 *Agriolimax agrestis* Linnaeus

野蛞蝓又名鼻涕虫、粘粘虫，属腹足纲柄眼目蛞蝓科。寄主有草莓、多种蔬菜及农作物等。取食叶片成孔洞，影响商品价值。最喜食萌发的幼芽及幼苗，造成缺苗断垄。5～7月份在田间大量活动为害，入夏气温升高，活动减弱，秋季气候凉爽后，又活动为害。

耐饥力强，在食物缺乏或不良条件下能不吃不动。阴暗潮湿的环境易于大发生，当气温11.5℃～18.5℃，土壤含水量为20%～30%时，对其生长发育最为有利。

【形态特征】

（1）成虫 伸直时体长30～60毫米，体宽4～6毫米；内壳长4毫米，宽2.3毫米。长梭形，柔软、光滑而无外壳，体表暗黑色、暗灰色、黄白色或灰红色。触角2对，暗黑色，下边一对短，约1毫米，称前触角，有感觉作用；上边一对长约4毫米，称后触角，端部具眼。口腔内有角质齿舌。体背前端具外套膜，为体长的1/3，边缘卷起，其内有退化的贝壳（即盾板），上有明显的同心圆线，即生长线。同心圆线中心在外套膜后端偏右。呼吸孔在体右侧前方，其上有细小的色线环绕。黏液无色。在右触角后方约2毫米处为生殖孔。

野蛞蝓在植株主干上爬行

（2）卵 椭圆形，韧而富有弹性，直径2～2.5毫米。白色透明可见卵核，近孵化时色变深。

（3）幼虫 初孵幼虫体长2～2.5毫米，淡褐色；体形同成体。

为害果实

野蛞蝓在地面活动

为害叶片

为害幼果

柑橘病虫害防治

一、病害防治

1. 疮痂病 Citrus Scab

【病　原】

疮痂病病原为一种真菌,属半知菌亚门痂圆孢属的柑橘疮痂圆孢菌（*Sphaceloma fawcetti* Jenk.），有性世代为 *Elsinoe fawcetti* But.et Jenk.属子囊菌亚门。

【发病规律】

疮痂病菌以菌丝体在患病组织内越冬。翌年春季,老病斑上即可产生分生孢子,并借水滴和风力传播到幼嫩组织上(主要是刚落花后的幼果及初抽出来的幼叶尚未展开前的新梢),萌发后侵入。侵入后约 10 天左右发病,新病斑上又产生分生孢子进行再次侵染。适温和高湿(有一定时间的降雨)是疮痂病流行的重要条件。发病的温度范围为 15℃ ~ 30℃,最适为 20℃ ~ 28℃。在浙江等橘区,疮痂病常年对幼果的危害最重,春梢的发病情况在不同年份间有很大差异。温度偏低常是限制春梢发病程度的关键因素。

一般宽皮柑橘和柠檬类比较感病(特别是温州蜜柑、早橘、本地早、南丰蜜橘等品种),杂柑和柚类比较抗病(天草等少数品种除外),甜橙类则基本不发病。

【防治方法】

(1)剪除病梢、病叶　冬季和早春剪除病枝病叶,春梢发病后也及时剪除新病梢，并与地上落叶一起烧毁，以减少病原；控制肥水，促使新梢抽发整齐健壮，缩短幼嫩期，减少病菌侵入机会。

（2）适期避雨　有条件的柑橘园只要从开始谢花起避雨 3～4 周，即可有效控制发病。

（3）实施检疫　新开柑橘园采用无病苗木。另外，也要防止国外新的疮痂病菌种类和生物型传入国内。

（4）化学防治　以防治幼果疮痂病为重点，于花谢 2/3 时喷药，发病条件特别有利时可在 10～15 天后再喷 1 次。春芽期可根据预报来决定是否用药，防治用药适期：为芽长 2 毫米。有效的药剂品种有：波尔多液（硫酸铜 0.5～1 千克，石灰 0.5～1 千克，水 100 千克），或 65%硫菌霉威可湿性粉剂 1 000～1 200 倍液，或 77%氢氧化铜 2 000 型 800 倍液，或 80%必备可湿性粉剂 400～600 倍液，或 80%代森锰锌可湿性粉剂 600 倍液，喷雾防治。

2. 树脂病　Citrus Melanose

【病　原】

树脂病病原为子囊菌亚门（*Diaporthe citri*（Fawcett）Wolf），但有性世代一般少见，常见的无性世代属半知菌亚门（*Phomopsis citri Fawcett*）。

【发病规律】

病菌主要以菌丝、分生孢子器和分生孢子在病树组织内越冬。以分生孢子借风、雨、昆虫等媒介传播。在有水分的情况下，孢子才能萌发和侵染，适宜温度为 15℃～25℃。此病菌为弱寄生性，只能从寄主的伤口（冻伤、烧伤、剪口伤和虫伤等）侵入，并深入内部。在没有伤口、活力较强的嫩叶和幼果等新生组织的表面，病菌的侵染受阻于寄主的表皮层内，形成许多胶质的小黑点。因此，只有在寄主有大量伤口存在，同时雨水多，温度适宜时，枝干流胶和干枯及果实蒂腐才会发生流行。而黑点和砂皮的发生则仅需要多

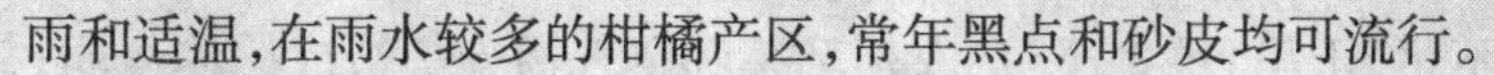

雨和适温，在雨水较多的柑橘产区，常年黑点和砂皮均可流行。

【防治方法】

(1)清除病源 早春剪除病枝、枯枝，并集中烧毁，剪口涂保护剂。并营造防护林，做好防冻、防旱和防涝工作，保持树体较强的抗病力。

(2)病树刮治 于春季彻底刮除发病枝干上的病组织，用75%酒精消毒后，再涂上药剂。药剂可用70%甲基硫菌灵可湿性粉剂100倍液，或50%多菌灵可湿性粉剂100倍液，或抗菌剂402，或硫酸铜100倍液。

(3)树干涂白 比较稀疏的果园，在盛夏前将主干涂白，以防日灼。涂白剂可用生石灰20千克、食盐1千克加水100千克配制而成。

(4)喷药保护 结合疮痂病防治，于春芽萌发期和花谢2/3时各喷药1次的基础上，再在幼果期喷药2次。有效的药剂品种有：80%代森锰锌可湿性粉剂600倍液，或0.5%～1%的等量式波尔多液、或77%氢氧化铜2000型800～1 000倍液，或80%必备可湿性粉剂400～600倍液等。

3. 炭疽病 Citrus Anthracnose

【病　原】

炭疽病病原属半知菌亚门的有刺炭疽孢属(*Colletotrichum gloeosporioides* Penz)。

【发病规律】

病菌以菌丝体和分生孢子在病组织中越冬。分生孢子借风雨和昆虫传播，在适宜的环境条件下萌发产生芽管，从气孔、伤口或直接穿透表皮侵入寄主组织。炭疽病菌是一种弱寄生菌，健康组织一般不会发病。但发生严重冻害；或由于耕作、移栽、长期积水、施肥过多等造成根系损伤；或早春低温潮湿、夏秋季高温多雨、肥力不足、干旱、虫害严重、农药药害和空气污染等造成树体衰弱；或由于偏施氮肥后大量抽发新梢和徒长枝，均能助长病害发生。品种间以甜橙、椪柑、温州蜜柑和柠檬发病较重。

【防治方法】

（1）加强果园管理 做好肥水管理和防虫、防冻、防日灼等工作，重视果园深翻改土，增施有机肥料和复合肥料，适当增施磷、钾肥料，及时排水、灌溉使树体保持健康生长的状态。并避免造成树体机械损伤，保持健壮的树势。剪除病虫枝和徒长枝，清除地面落叶，集中烧毁。修剪后在伤口处涂上 1∶1∶10 的波尔多浆，或70%甲基硫菌灵（或 50%多菌灵）可湿性粉剂 100～200 倍液。

（2）喷药保护 树势衰弱或树体损伤时，应及时喷药保护。有急性型病斑出现时，更应立即进行防治。有效的药剂有：0.5∶0.5∶100 波尔多液，或 77%氢氧化铜可湿性粉剂 500～600 倍液，或 0.3 波美度的石硫合剂，或 70%甲基硫菌灵可湿性粉剂，或 50%多菌灵可湿性粉剂 600～1 000 倍液。

4. 黑斑病 Citrus Black Spot

【病　原】

有性阶段属子囊菌亚门（*Guignardia citricarpa*（McAlpine）Kiehly），常见的是无性阶段，属半知菌亚门（*Phoma citricarpa* McAlpine）。

【发病规律】

病菌主要以子囊果和分生孢子器在病叶和病果上越冬。翌年温、湿度适宜时，散出子囊孢子和分生孢子，通过风雨和昆虫传播，在幼果和嫩叶上萌发产生芽管进行侵染。对果实的侵染主要发生在谢花期至落花后一个半月内。到果实和叶片将近成熟时病菌迅速生长扩展，出现病斑，再产生分生孢子，进行重复侵染。南丰蜜橘、早橘、本地早蜜橘、茶枝柑、椪柑、蕉柑、柠檬、沙田柚、新会橙和暗柳橙等发病较重，大多数橙类、温州蜜柑、雪柑和红柑等较为抗病。一般7年生以上的大树，特别是老树发病较重。高温多湿、晴雨相间，或栽培管理不善、遭受冻害、果实采收过迟等造成树势衰弱以及机械损伤等均有利于发病。

【防治方法】

(1)加强栽培管理　做好肥水管理和害虫防治工作，保持强健树势。

(2)冬季清园　剪除发病枝叶，及时收拾落叶、落果，予以烧毁。再结合其他病虫害的防治喷洒1次1波美度的石硫合剂。

(3)喷药保果　在花谢后开始喷药，每隔半个月左右喷1次，连续2～3次。药剂可用0.7∶0.7∶100的波尔多液，或70%甲基硫菌灵可湿性粉剂或50%多菌灵可湿性粉剂600～1 000倍液，或77%氢氧化铜可湿性粉剂500倍液，或80%必备可湿性粉剂400～600倍液，或80%代森锰锌可湿性粉剂600倍液，或62.25%仙生可湿性粉剂600～800倍液。

5. 疫霉病　Citrus Brown Rot

【病　原】

疫霉病病原为一种疫霉菌（*Phytophthora parasitica* Dastur）。

【发病规律】

病菌以菌丝体和厚垣孢子在病株和土壤里的病残体中越冬。翌年温、湿度上升时，旧病斑中的菌丝继续危害健康组织。同时释放游动孢子，随水流或土壤传播，由伤口侵染新的植株。也可随雨滴溅到近地面的果实上，使果实发病。枳、枳橙、枳柚、枸头橙、酸橙和柚类抗病性强；甜橙、椪柑等较为感病。高温多雨，发生涝害；果园低洼，土质黏重，排水不良；橘树栽植过深、过密或间种高杆作物；害虫为害或其他原因使橘树基部出现伤口；果实下挂，接近地面等均有利于此病发生。

【防治方法】

(1)利用抗病砧木　选用枳壳、枸头橙、酸橙等抗病砧木，适当提高嫁接部位，是目前防治此病的最经济有效的方法。对于采用感病砧木的幼龄病树，可在其主干基部靠接2～3株抗病的实生砧木苗。

(2)加强栽培管理　搞好果园排水和树干害虫的防治，果园操作时避免损伤主干。

(3)药剂防治　初夏前后，扒开橘树的根颈部土壤，将腐烂的皮层、已变色的木质部刮除干净，再在伤口处涂药保护，药剂有：1：1：10的波尔多浆、25%瑞毒霉可湿性粉剂200～300倍液，或2%～3%硫酸铜液，或80%乙磷铝可湿性粉剂100～200倍液，或70%甲基硫菌灵(或50%多菌灵)可湿性粉剂100～200倍液。也可在病部纵划数条刻痕后再涂药。

(4)保护树冠下部果实　果实将转黄时，在地面铺草，防止土壤中的病菌被雨水击溅到枝叶及果实上，或用竹竿等将近地面的树枝撑起，使其距地面1米以上，涝害及大雨前后在地面及下部树冠喷洒0.7%的等量式波尔多液或50%甲霜灵可湿性粉剂500～600倍液或50%多菌灵可湿性粉剂800～1 000倍液。

6. 黑腐病　Citrus Black Rot

【病　原】

黑腐病病原为半知菌亚门的一种真菌，称柑橘链格孢菌(*Alternaria citri* Ellis et Pierce)。

【发病规律】

病菌主要以分生孢子随病果落到地面或以菌丝体潜伏于枝叶病部越冬。翌年温湿度适宜时，产生分生孢子，借风雨传播。贮藏期的主要侵染源是在果园里已受感染的病果，由接触传染，从脱落的果蒂部或伤口侵入危害。高温、多湿有利于此病的发生。排灌不良，栽培管理较差，树势衰弱的柑橘园，或遭受日灼、虫伤和机械损伤的果实，易受病菌侵染。温州蜜柑和橘类较易感病。

【防治方法】

采收前防治参见褐斑病，采收过程及采后参照青绿霉病的防治方法。

7. 蒂腐病 Citrus Stem-end Rot

【病　原】

黑色蒂腐病病原菌（*Botryodiplodia theobromae* Pat.，异名为为 *Diplodia natalensis* Pole-Evans）属半知菌亚门腔孢纲真菌。我国迄今未在柑橘上发现有性态。褐色蒂腐病病原菌（*Phomopsis cytosporella* Penz.et.Sacc，异名为 *Phomopsis citri* Fawcett），属子囊菌亚门六核菌纲真菌。危害果实的为其无性态。

【发病规律】

病菌主要以分生孢子器在病部越冬，翌年环境条件适宜时产生分生孢子，借雨水传播，由伤口侵入果实和枝干。发病和果实腐烂的最适温度为27℃～30℃，20℃以下或35℃以上腐烂较慢，5℃～8℃时不易腐烂。

【防治方法】

采收前防治参照树脂病进行，采收过程及采后参照青绿霉病的防治方法。

8. 脂点黄斑病 Citrus Greasy Yellow Spot

【病　原】

本病病原的有性态为一种子囊菌，称柑橘球腔菌（*Mycosphaerella citri* Whiteside）。无性态为柑橘灰色窄苔菌或称灰色疣丝孢［*stenella citri-grised*（Fisher）Siv］。

【发病规律】

病菌以菌丝体和分生孢子在病组织内越冬。翌年气温上升后(4~9月份)产生大量的子囊孢子,借风雨传播。子囊孢子萌发后以芽管附在叶片表面发育成气生菌丝,产生分生孢子后,再从气孔侵入寄主,并经1~4个月的潜育期后出现症状。5~7月份是侵染发病的高峰期。一般春梢叶片发病重于夏秋梢,老树发病重于幼龄树和壮龄树。柑橘品种中以红橘、早橘、朱红、衢橘、胡柚、葡萄柚、玉环柚和柠檬受害最重,其次是瓯柑和甜橙,温州蜜柑、椪柑、槾橘和广西地区的早蜜橘等受害较轻。另外,栽培管理良好的果园发病较轻。

【防治方法】

(1)冬季清园　剪除带病枝叶,并清除地面落叶集中烧毁。

(2)喷药保护　病菌在寄主表面停留时间较长,喷药防治效果相对较好。第一次喷药可结合疮痂病防治,在花谢2/3时进行,以后每隔15~20天喷药1次,直至6月下旬前后。药剂有:70%甲基硫菌灵可湿性粉剂或50%多菌灵可湿性粉剂600~1 000倍液、0.5∶0.5∶100的波尔多液、77%氢氧化铜2000型800~1 000倍液、80%代森锰锌可湿性粉剂600倍液。另外,防治害虫使用机油乳剂也可兼治黄斑病。

9. 煤烟病 Citrus Sooty Mold

【病　原】

煤烟病病原为子囊菌亚门的几种真菌（*Capnodium* spp.、*Chaetothyrium* spp.、*Meliola* spp.），引起煤烟病的病菌中除小煤炱属为纯寄生菌外，其余均为表面附生菌，大部分种类以蚜虫、蚧类、粉虱的分泌物为营养。

【发病规律】

病菌以菌丝体、闭囊壳和分生孢子器在病部越冬,分生孢子和子囊孢子借风雨传播。此病发生于春、夏、秋季,其中以5~6月份为发病高峰。除小煤炱属外,多随蚧类、粉虱和蚜虫等害虫发生而消长，果园管理不善、荫蔽和潮湿均有利于发病。

【防治方法】

发病时喷洒0.3～0.5：0.5～0.8：100的波尔多液、或铜皂液（硫酸铜0.25千克、松脂合剂1千克、水100千克），或机油乳剂200倍液，或50%多菌灵可湿性粉剂600～800倍液。

合理修剪，增加果园通风透光，降低湿度，有助于控制此病发展。及时防治蚜虫、蚧类和粉虱等刺吸式口器害虫。

10. 青霉病和绿霉病 Gitrus Green Mold and Blue Mold

【病　原】

青绿霉病病原属半知菌亚门的青霉菌属（*Penicillium italicum* Wehmer & *Penicillium digitatum* Sacc.）。病菌分布很广，常腐生在各种有机物上。

【发病规律】

病菌产生的大量分生孢子，借气流或接触传播，由伤口侵入。发病的最适温度为18℃～27℃，最适空气相对湿度为95%～98%。在采摘和贮运过程中损伤果皮，或采摘时果实已过度成熟，均易发病。

【防治方法】

（1）采收　采收不要在雨后或晨露未干时进行，从采收到搬运、分级、打蜡包装和贮藏的整个过程，均应避免机械损伤，特别不能拉果剪蒂、果柄留得过长和剪伤果皮。

（2）药剂防治　拟贮藏的果实采下时应立即用药液浸果（时间1分钟左右），要集中处理的，也应在当天进行。药剂可用50%万利得乳油2000～2500倍液，或25%戴挫霉乳油1000～1500倍液，或45%扑霉灵乳油2 000倍液，或40%百可得可湿性粉剂2000倍液，或50%施保功可湿性粉剂1500～2000倍液，或45%特克多悬浮剂450～600倍液。

（3）熏蒸　采收和贮运用具及贮藏库用硫黄（每立方米空间

10克)密闭熏蒸消毒24小时。

(4)调节温湿度　有条件的贮藏时将温、湿度控制在适当的范围内,甜橙的适宜温度为3℃~5℃,宽皮柑橘为5℃~8℃,适宜的空气相对湿度均为80%~90%,并注意换气。

11. 柑橘根线虫病 Citrus Nematode

【病　原】

柑橘根结线虫病的病原为(*Meloidogyne* sp.),柑橘根线虫病的病原为(*Tylenchulus semipenetrans*)。

【发病规律】

根结线虫病病原线虫以卵和雌虫过冬。当温度在20℃~30℃,线虫孵化、发育及活动最盛。土壤过分潮湿,有利于线虫生活。此病主要侵染源是带病的土壤和病根,这是远距离传播的主要途径。水流是近距离传播的重要媒介。此外,肥料、农具以及人、畜的活动,均能传播此病。一般通气良好的砂质土发病较重。

根线虫病病原线虫的卵在卵壳内孵化发育成一龄幼虫,蜕皮后破壳而出,即二龄侵染幼虫。雄幼虫再蜕皮3次变为成虫。雌虫直至穿刺根之前,都保持细长形,一旦以颈部穿刺根内,营固定为害后,露在根外的体躯迅速膨大,生殖器官发育成熟,并开始产卵。柑橘根线虫幼虫在须根中的寄生量以夏季最少,冬、春最多;而雌成虫对须根的寄生量,周年基本均匀。柑橘的不同种类对本病的抗病性有很大差异。以枳最抗病,枳橙次之,意大利酸橙、枸头橙、香橙、柚、红橘等均感病。土壤条件对线虫的影响:土壤质地,在黏粒含量为10%~15%的土壤中,线虫繁殖最佳,而在含有50%黏土的土壤中繁殖率很低。土壤pH值在6.0~7.7之间,有利于线虫繁殖。

【防治方法】

(1)检疫　严格实行检疫制度,保护无病区柑橘树不受病原侵害。

(2)培育无病苗木　选择前作为禾本科作物的田地:反复翻耕土壤,进行曝晒;播种前 1 个月,每 667 平方米(1 亩)沟施80%二溴氯丙烷 3 千克。将药稀释 50 ~ 150 倍后,开沟施药。沟深 16 厘米,沟距 26 ~ 33 厘米。施药后,覆土并踏实。

(3)利用抗病砧木　凡是适宜用枳作砧木的地区,都应大力推广应用。

(4)病苗和病树处理　病苗用 48℃热水浸根 15 分钟,以杀死根瘤中的线虫;在 1 ~ 2 月份,挖除 5 ~ 15 厘米深处的病根烧毁,每株施用 1.5 ~ 2.5 千克石灰,并增施腐熟农家肥;成年树每株施用 80%二溴氯丙烷 250 倍液 7.5 ~ 15 千克。施药方法:2 月份至 3 月初在树干基部四周,每隔 33 厘米分散打穴,穴深 15 厘米以上,穴距33 厘米左右,灌药后,覆土踏实,再泼少量水。

(5)加强肥水管理　增施有机肥料,促进未受害的根系生长,提高植株的耐病能力。加强肥水管理必须在药剂防治的基础上进行,否则效果不佳。病区苗圃地不宜连作,应选用前作为禾本科作物的土地或水稻田。如用带病地作苗圃,则需反复犁耙翻晒土壤,以减少土壤中病原线虫的数量。

12. 日本菟丝子 *Cuscuta japonica* Choisy

【病　原】

日本菟丝子为 1 年生寄生性草本种子植物,属菟丝子科菟丝子属。

【发病规律】

菟丝子以种子在土壤中越冬,4 月下旬至 5 月上旬发芽,以茎尖在空中呈逆时针方向转动,遇杂草或柑橘即攀缠其上。柑橘上一般寄生 1 ~ 2 年生较嫩枝条,有时也有 2 ~ 3 根茎作自我寄生,还能数根一起缠成绳索状，以利于向较远处攀绕。9月中下旬长出花蕾，9月下旬至10月上旬为盛花期，10月中旬至11月上旬为盛果期。种子在土中生活力可达2年以上。夏季出苗后以地上茎缠绕寄主建立初步的寄生关系，后地上茎继续伸长并不断产生分枝覆盖整个树冠。

【防治方法】

(1)人工防治　5月上旬前，清除杂草，消灭桥梁寄主；在结果前及时拔除菟丝子植株。

(2)药剂防治　可用鲁保1号喷洒，开花前用药浓度为每毫升含3 000万～4 000万个活孢子，开花期为每毫升含4 000万～6 000万个活孢子，喷药于早晚或阴雨天进行。在喷洒前，用木棒打伤菟丝子茎蔓，则防治效果更好。一般喷2～3次，相隔时间为7天。用10%草甘膦水剂50倍液，或40%地乐胺1 500倍液喷洒，防治效果较好。

(3)深翻土壤阻止出苗　春夏季清除园中杂草，铲除菟丝子的“桥梁寄主”，以减少侵染树体的机会。

13. 溃疡病 Citrus Canker

【病　原】

溃疡病病原是黄单孢杆菌属的一种细菌［*Xanthomonas citri* (Hasse)Dowson］。细菌短杆状，两端圆形，极生鞭毛一根，大小为1.5～2.0×0.45～1.47微米，能运动，有荚膜，无芽孢。鞭毛约为体长的2～3倍。革兰氏染色阴性。本菌好气性，在PDA培养基上菌落初为鲜黄色，后转为蜡黄色、圆形，表面光滑，周围有狭窄的白色带。在牛肉汁蛋白冻琼脂在培养基上长出圆形，表面光滑和稍隆起的蜡黄色菌落。

【发病规律】

病原细菌在柑橘病部组织内越冬。翌年温度适宜、湿度高时，细菌从病斑中溢出，借风、雨、昆虫和枝叶交互接触作短距离传播。远距离的传播则主要通过带菌苗木、接穗和果实。病菌落到寄主的幼嫩组织上，由气孔、水孔、皮孔和伤口侵入，潜育期 3 ~ 10 天。不同柑橘品种的抗病性差异显著，其中甜橙类严重感病，酸橙、柚、枳和枳橙次之，宽皮柑橘类较耐病，而金柑则抗病。刚抽发的嫩梢叶和刚形成的幼果，其气孔还未形成，病菌不能入侵。嫩叶在萌发后 20 ~ 55 天，幼果在落花后 35 ~ 80 天其气孔形成多且处于开放阶段，病菌易侵入而大量发病。此病发生的温度范围为 20℃ ~ 35℃，最适为 25℃ ~ 30℃，高温高湿天气是流行的必要条件。暴风雨和台风给寄主造成大量伤口，更有利于病菌的传播和侵入。

【防治方法】

对柑橘溃疡病的防治应采用预防为主，在无病区或新发展区应严格检疫，防止病菌传入扩散，病区应采取喷药保护和田间卫生相结合的综合治理措施。

(1)严格检疫 在无病区或新发展区必须实行严格的检疫措施，严禁没经检疫的接穗、苗木和病果传入，凡查处的带病苗木和接穗，一律烧毁。由于科研或引进良种需要，必须从病区引进接穗和苗木时，应经过严格的检查和消毒处理。来自病区的苗木，外表检查无病斑应先隔离试种，证实无病后方可定植。发现病株应就地烧毁。

进行种子消毒，可将种子在 50℃ ~ 52℃热水中浸 50 分钟，或 5%高锰酸钾液内浸 15 分钟，或 1%福尔马林液中浸 10 分钟，药液浸后的种子用清水洗净凉干后播种。未抽梢的苗木或接穗，可用 49℃湿热空气处理接穗 50 分钟，苗木 60 分钟后即用冷水降温。已抽芽的苗木可用 700 单位 / 毫升链霉素加 1%酒精混合液浸苗 30 ~ 60 分钟，或用 0.3%硫酸亚铁液浸 10 分钟进行消毒处理。

(2)建立无病苗圃，培育无病壮苗 无病苗圃地应选在无病区或远离老橘区 2 ~ 3 千米且有较好隔离条件的地方。种子和接穗均采自无病区或无病母本园。种子播种前应进行消毒处理，育苗期间发现有病株应立即烧毁，并喷药保护附近的苗，出圃时要严格检查，确认无病后方可出圃。

（3）加强栽培管理

①冬季清园　在病果园中冬季应做好清园工作，收集落叶、落果和枯枝并进行烧毁；早春结合修剪，剪除病虫枝、徒长枝和衰弱枝等，以减少侵染来源。

②合理施肥　通过合理施肥，控制夏梢抽发过多，或适当疏去部分夏梢，防治其感病；促进秋梢抽发整齐，既有利于潜叶蛾防治，又可减轻秋梢溃疡病的发生。增强树势，提高植株抗病性。

③加强栽培管理　在每次抽梢期及时防治传病媒介，如恶性叶甲、潜叶蛾、凤蝶幼虫等。沿海各橘区，在台风季节应做好防风工作，做好营造防风林，尽量避免或减少伤口的产生。新品种园要分片种植感病性不同的柑橘品种，不要将抗病品种和感病品种混栽。

（4）喷药保护　苗木及幼树以保梢为主，分别在新梢萌芽后20～30天（梢长1.5～3厘米叶片刚转绿色期）喷药一次。成年树以保果为主，在花谢后10、30、50天各喷药一次。沿海橘区在每次台风后要及时喷药保护嫩梢和果实。药剂可选用1∶2∶100石灰倍量式波尔多液或加1%茶枯；或600～1 000单位/毫升的农用链霉素加1%酒精作辅助剂，或50%代森铵，或50%退菌特500～800倍液，或铜皂液（硫酸铜0.5千克:松碱合剂2千克:水200升），或铜胺合剂（硫酸铜0.5千克:生石灰1千克:碳酸氢铵1～1.5千克:水100升），或77%可杀得2000型800倍液，或80%必备可湿性粉剂400～600倍液。

14. 黄龙病　Citrus Huanglongbin

【病　原】

本病病原为柑橘黄龙病细菌。黄龙病的病原为一种格兰氏阴性

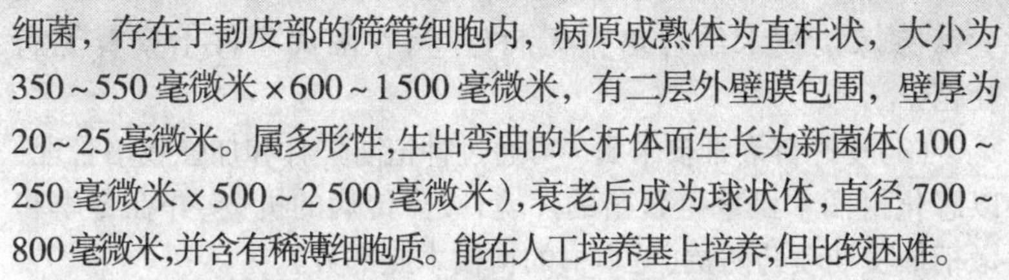

细菌，存在于韧皮部的筛管细胞内，病原成熟体为直杆状，大小为350～550毫微米×600～1 500毫微米，有二层外壁膜包围，壁厚为20～25毫微米。属多形性，生出弯曲的长杆体而生长为新菌体（100～250毫微米×500～2 500毫微米），衰老后成为球状体，直径700～800毫微米，并含有稀薄细胞质。能在人工培养基上培养，但比较困难。

黄龙病的病原细菌有2种不同类型。非洲型属热敏感型，在22℃～24℃的凉温下引起严重病症，但当温度高至27℃～30℃时则不表现症状；亚洲型为耐热型，在高温（27℃～32℃）或凉温下均可引起病症。该病病原除对四环素族抗生素敏感外，对青霉素也敏感。通过湿热空气等热治疗处理也有明显的疗效。

【发病规律】

黄龙病可通过柑橘木虱传播或嫁接传播，带病苗木和接穗的调运是远距离传播的主要途径。田间菌源的普遍存在和柑橘木虱的高密度发生是此病流行的必要条件。柑橘品种中以椪柑、蕉柑、福橘、茶枝柑等最易感病，发病后衰退也快，橙类则耐病力较强。

【防治方法】

（1）严格检疫　严格执行检疫制度，杜绝病苗、病穗和柑橘木虱传入无病区和新种植区，这是保护新区和无病区不受其危害的一项很重要的措施。

（2）建立无病苗圃，培育无病壮苗　苗圃地应选择在无病区或距离柑橘园5千米以上的地方，最好还有高山、森林或河流隔开，尽量减少田间传播。用塑料网棚封闭式育苗。接穗和砧木种子应采自经指示植物或PCR检测鉴定无病的母树。砧木种子播种前先用50℃～52℃热水浸泡5分钟预热，再在55℃～56℃的热水中浸泡50分钟。采下的接穗用49℃的湿热空气处理50分钟，可钝化病原，但处理后嫁接成活率低。也可用热水间隙热处理，即先将接穗放入44℃温水中预浸5分钟，然后放入47℃热水中浸8～10分钟，取出用湿布包好，经24小时后再重复处理，共处理3次，可明显提高嫁接成活率且疗效显著；或用1 000倍盐酸四环素液浸泡2小时，再用清水冲洗干净后嫁接；或用热处理和茎尖微芽嫁接技术结合培育无病母树，在隔离条件下繁育无病壮苗。

(3)及时防治柑橘木虱　可通过种植防护林和加强栽培管理，以恶化柑橘木虱孳生繁殖的环境，减少传病的机会，并在冬季和嫩梢抽发期喷药防治(见本书的柑橘木虱部分)。

(4)挖除病树　坚持每次新梢转绿后全面检查黄龙病株，发现一株挖除一株，不留残桩。病区重建柑橘园。重病区应整片挖除病、老树，清理环境，安排好必要的隔离条件，并先种植 1 年豆科等其他作物后再行种植柑橘。

15. 衰退病 Citrus Tristeza

【病　原】

本病病原为柑橘衰退病毒[Citrus tristeza virus(CTV)]，病毒粒子线状，其长宽为 2 000 纳米 × 10 ~ 12 纳米。

【发病规律】

柑橘衰退病的远距离传播是通过带毒苗木和嫁接材料的调运，田间的短距离传播则通过蚜虫在病株、隐症植株和健株间的辗转危害，其中以橘蚜的传病力最强。品种感病性：以酸橙作砧木的甜橙高度感病；以酸橙作砧木的宽皮橘、以柚作砧木的甜橙、以大翼来檬作砧木的柠檬感病；以枳、酸橘、红橘、枳橙、粗柠檬、甜橙作砧木的甜橙和宽皮橘一般都耐病。对于实生植株，衰退病的弱毒系只危害来檬和马蜂柑；强毒系除危害来檬外，还可危害酸橙、葡萄柚和尤力克柠檬。

【防治方法】

实施检疫，防止国外新的强毒系传入。选用枳、酸橘、红橘、香橙和枸头橙等耐病砧木。必须在经指示植物或 PCR 技术定期检定的无病母株上采穗，可能带病的接穗或苗木须经 50℃湿热空气处理 7 ~ 22 小时。新果园种植必须用无病毒苗木。

在病区，苗木先用弱毒系接种，可免受强毒系感染。及时防治媒介昆虫蚜虫。

16. 温州蜜柑萎缩病　Satsuma Dwarf virus

【病　原】

温州蜜柑萎缩病病原为温州蜜柑萎缩病毒（Satsuma dwarf virus，SDV），病毒粒子呈球形，直径约26毫微米。通过蔗糖密度梯度离心，提纯的病毒液分为三层，最上层的粒子中空；中、下层为完整的粒子。中、下层粒子的沉降系数和悬浮密度分别为119S、1.43克/厘米^{3}和129S、1.46克/厘米^3，均有致病性。如将两者混合，则致病性更强。

【发病规律】

温州蜜柑萎缩病主要通过嫁接传播，也可由汁液进行机械传播，远距离传播主要通过带病的接穗和苗木的运输。种植于橘园中作防风林使用的珊瑚树能传播该病，且传播的速度较快。

【防治方法】

对温州蜜柑萎缩病的防治，可从以下几方面来进行。

（1）加强检疫　从国外（尤其是日本）引进或国内调运接穗、苗木时，应进行严格的检疫，防止病原病毒的传入和扩散。对引进的苗木，应先在盆钵内隔离种植2～3年，通过外观症状的观察，用ELISA与白芝麻进行2～3次鉴定，确认无毒后，再繁殖推广。

（2）选择无毒母树，培育无病壮苗　用PCR、ELISA与白芝麻进行鉴定，选择无毒健康母树，使用健康砧木，从无毒母树上采穗育苗。

（3）采用热处理或茎尖微芽嫁接技术脱毒　盆栽的的温州蜜柑植株，经白天40/12小时，晚上30/12小时，6～7周的热处理，切下热处理后长出的嫩梢茎尖，取芽嫁接于实生枳砧上培育成苗，全部个体均无毒。或用上述温度热处理 7 天后取其嫩芽作茎尖嫁接可脱除该病毒。

(4)阻止病害蔓延　加强对田间病树的调查、鉴定,对轻病树,由于全树症状表现不一致,可剪除症状比较轻的枝条,控制树体内病毒的蔓延;对重病树则应挖除,并对发病地的土壤用氯化苦或烧土进行消毒处理,采用温州蜜柑以外,不现病症的品种重新定植;病、健树之间可采用挖沟切断,埋入塑料板等遮断物,以阻止其地下部的蔓延。及时砍伐重症的中心病株,并加强肥水管理,增强轻病株的树势。病园更新时进行深耕。

17. 花叶病 Citrus Mosaic

【病　原】

柑橘花叶病其病毒粒子为球形,直径 27 ~ 28 毫微米,与 SDV 相同。在洋酸浆粗汁液中的钝化温度为 50℃ ~ 55℃,稀释限度为 1 280 ~ 2 560 倍,保存期限为 5 ~ 6 天;在温州蜜柑汁液中的钝化温度为 50℃ ~ 55℃。稀释限度为 100 ~ 500 倍,保存期限为 12 ~ 24 小时。

【发病规律】

柑橘花叶病病原能通过嫁接传播, 也能以汁液进行机械传播,土壤也能传播该病,但传毒机制不清。发病园中混栽的日本夏橙、伏令夏甜橙、代代、八朔蜜柑等的春叶表现斑驳、杂色花叶、叶脉黄化和叶脉环阻等症状。另外,粗柠檬、墨西哥来檬、西印度来檬、标准酸橙等上也表现各种症状。

种子不传毒,无昆虫媒介。

【防治方法】

基本同温州蜜柑萎缩病。

用其他品种对发病树进行高接更新之法无用,因为许多品种会表现果实症状。

18. 碎叶病 Citrus Tatterleaf

【病 原】

碎叶病病原为柑橘碎叶病毒［Citrus tatter leaf virus(CTLV)］，病毒粒子为曲杆状,长约650毫微米,宽约19毫微米。

【发病规律】

病原可通过嫁接、机械和菟丝子传播。感病的品种有枳、枳橙、厚皮来檬等,较耐病的有甜橙、酸橙、柠檬和粗柠檬等。此病的发生还与砧木种类直接有关，以枳和枳橙为砧木的比较敏感,病穗接在酸橘和红橘等砧木上则带病而不显症。

柑橘碎叶病毒能通过嫁接传播，也易由汁液进行机械传播，未发现虫媒。另外,污染的工具也能传毒。

【防治方法】

(1)采用无毒母株　选择通过指示植物(可用腊斯克枳橙)鉴定无病的母本树剪取接穗。如找不到无病母本树,可通过热处理或热处理与茎尖嫁接相结合进行脱毒,获得无病毒母株。

(2)选耐病砧木　选用枸头橙、酸橘和红橘等抗、耐病砧木。发病树靠接耐病砧木对恢复树势有一定效果,但保留病树会增加病害扩大蔓延的机会。

对不同来源的柑橘植株进行嫁接、修剪或采穗时,剪完一批植株后,剪、刀等工具要用1∶5的漂白粉水溶液或1%次氯酸钠溶液浸渍消毒,并用清水冲洗、擦干后再用。

19. 脉突病 Citrus Vein enation

【病 原】

脉突病病原为柑橘脉突病毒(Citrus Vein enation Virus),病毒粒子球形,直径约25毫微米。

【发病规律】

主要通过嫁接和蚜虫传播，潜育期40～50天。22℃～26℃比较有利于发病。比较感病的柑橘品种有甜橙、酸橙、柠檬、来檬、本地早、早橘和槾橘。指示植物有酸橙、兰卜来檬和本地早等。

【防治方法】

通常不需防治。

20. 裂皮病 Citrus Exocortis

【病　原】

裂皮病病原为柑橘裂皮病类病毒［Citrus exocortis viroid (CEV)］，一种小分子量的裸露的侵染性核糖核酸（RNA）分子，无蛋白质外壳，其基因组大小为371个核苷酸，分子量约为1.2×10^5道尔顿。其分子由螺旋状的双链结构部分和棒状的单链结构部分相互交联而成，形成一个稳定的全长约50毫微米的棒状结构，以线形和环形分子存在。

【发病规律】

裂皮病病株和隐症带毒植株是该病害的侵染源。此病除通过苗木和接穗的调运传播外，受病原污染的工具和手等与健株韧皮部接触也可传播。寄主的感病性是决定裂皮病发生的主要因素，枳、枳橙、兰普来檬以及某些香橼选系感病后表现出明显的病状；甜橙、宽皮柑橘和柚等感病后不显病状，成为隐症带毒植株。用酸橙、酸橘、红橘和枸头橙作砧木的比较抗病。

【防治方法】

（1）采用无病苗木　在经指示植物鉴定无毒的植株上采穗，用于培育无病毒苗木；或经预热处理后再进行茎尖嫁接育苗可以脱毒。利用本地早弱毒系接穗嫁接健树，可减弱危害。病区育苗时选用抗病砧木，橘树发病后也可用抗病砧木靠接换砧。

(2)消毒　修剪病株后,修剪工具用1%次氯酸钠液或漂白粉10倍液消毒。以拉扯去芽法代替以手指抹芽,以免手上沾染病株汁液而将裂皮病传给健株。

21. 木质陷孔病 Citrus Cachexia

【病　原】

木质陷孔病病原为柑橘木质陷孔病类病毒(citrus cachexia viroid),含有约300个核苷酸的低分子RNA,具环形和线形2种类型。

【发病规律】

木质陷孔病主要通过嫁接传播。感病的品种有来檬、宽皮柑橘和橘柚。指示植物有奥兰多橘柚。大多数商品性柑橘品种为隐症带毒。该病病原易由嫁接传播,并可通过工具高度机械传播。

木质陷孔病无昆虫媒介。种子不传毒。也不能通过土壤传播。

【防治方法】

选用无毒接穗,培育无病苗木。

22. 地衣寄生病 Citrus lichen Parasite

【病　原】

地衣为真菌与藻类的共生物,除寄生于柑橘树外,还寄生于龙眼、荔枝等许多种果树和林木上。

【发病规律】

由于地衣寄生广,故其初次侵染源很普遍。以本身分裂成碎片方式繁殖,通过风雨传播。在温暖潮湿季节,地衣蔓延最快。它一般在10℃左右开始生长,晚春与初夏间发生旺盛,炎热的高温天气发展迟缓,秋季继续生长,冬季逐渐停止生长。橘园管理不善,通风透光差,均有利于地衣的发生。

【防治方法】

第一,用刀刮除枝干上的地衣,涂上 3 ~ 5 波美度石硫合剂。

第二,喷布 1∶1∶100 等量式波尔多液或结合对蚧类的防治,喷洒松脂合剂。

第三,加强管理,降低果园湿度,以减少地衣发生。

二、虫害防治

1. 红蜘蛛 *Panonychus citri* Mcgregor

【发生规律】

柑橘红蜘蛛 1 年可发生 15 ~ 20 代,田间世代重叠。冬季多以成螨和卵在枝叶上活动,多数地区无明显越冬阶段。其发生代数与气温的关系密切,年均温在 20℃左右时,1 年可发生 20 代左右。一般在 3 月上旬开始为害,气温在 12℃时虫口开始增加,20℃时盛发,20℃ ~ 30℃和 60% ~ 70%的空气相对湿度是其发育和繁殖的最适宜条件,温度低于 10℃或高于 30℃时虫口受到抑制。每年3 ~ 5 月份发芽开花前后由于温度适合,又正值春梢抽发营养丰富,是其发生和为害盛期,如此时干旱少雨就会造成为害。此后由于高温、高湿和天敌多,虫口受到抑制而显著减少。9 ~ 11 月份如气候适宜又会造成为害。

红蜘蛛有趋嫩喜光性,苗木和幼树由于抽梢多、日照强,天敌少而受害重。常从老叶向新叶和幼果迁移。田间影响红蜘蛛发生数量的因素有温度、食料、天敌和人为因素等。1 年有 2 个发生高峰,分别在 4 ~ 6 月份和 9 ~ 11 月份。有寄生性和捕食性天敌多种。食螨瓢虫、捕食螨、食螨蓟马、虫生藻菌、芽枝菌、病毒等有较好的控制作用。

【防治方法】

(1)清园 一般可在12月上旬前进行冬季清园,在翌年2月下旬进行春季清园,通过清园可大大减少虫源基数。

(2)农业防治 加强肥培管理,增强树势;结合冬季修剪,剪除潜叶蛾为害的僵叶;合理间种矮秆植物,如豆科植物、花生等,既可改良土壤质地,又有利于益虫、益菌的生长。

(3)生物防治 为保护利用天敌,田间可种植藿香蓟、大豆、印度豇豆、豌豆和紫云英等植物,也可实行生草栽培。田间可释放胡瓜钝绥螨等捕食螨,以螨治螨。

(4)化学防治 避免滥用农药,实行指标化防治。选用高效、低毒、低残留且对天敌杀伤力小的化学农药。防治指标一般春季掌握在3~4头/叶,夏秋季5~7头/叶。

①春季清园 春梢萌芽前可选用0.8~1波美度石硫合剂,或松碱合剂8~10倍液,或20%灭蚧可湿性粉剂50~80倍液,或20%融杀蚧螨可湿性粉剂80~120倍液,或95%机油乳剂60~100倍液,或99.1%敌死虫乳油80~120倍液。

②其他防治 药剂可选用:15%速螨酮(哒螨灵)乳油2 000~3 000倍液,或73%克螨特乳油2 000~3 000倍液,或50%托尔克可湿性粉剂2 000~3 000倍液,或5%尼索朗乳油2 000~3 000倍液,10%浏阳霉素乳油1 000~1 500倍液,或24%螨危4 000~5 000倍液,或99%绿颖150~200倍液,或20%螨死净1 500~2 000倍液,或15%哒螨灵1 000~1 500倍液,或1.8%虫螨杀星2 000倍液,或5%唑螨酯(霸螨灵)悬浮剂2 000~3 000倍液。

应选择虫口发生初期喷药防治,选用杀卵力较强的杀螨剂,喷施药剂要轮换使用,喷药时应注意雾滴要细,且叶片正反两面均要喷湿,药液要周到,不要漏喷。

2. 黄蜘蛛 *Eotetranychus kankitus* Ehara

【发生规律】

以成螨及卵在树冠内部叶片背面及潜叶蛾为害的卷叶内越冬，在广西 1 年发生 12～16 代。繁殖的适宜温度是 15℃～25℃，常年在花期大发生，以 4～5 月份为害最严重，其次是 10～11 月份。其发生数量和为害程度与气候的关系密切，如天气干燥，越冬虫口基数大，树势弱，发生数量就多。该螨为害叶片、花蕾和果实等器官，有从 2 年生老叶向 1 年生春梢转移为害习性，常寄生于叶的反面，多集中于主脉与侧脉的两侧。叶片受害部位呈现黄色，而且下陷，并覆盖着稀疏的丝网。不喜强光，多栖息于叶片背面。产卵于叶背主脉和支脉两侧。成年树比苗木和幼树受害重，树冠的下部和内膛较顶部和外围受害重。有多种捕食性天敌。

【防治方法】

合理修剪，保持橘园通风透光。药剂防治主要在 4～5 月份进行，10～11 月份的防治，对抑制翌年的虫口基数有重要作用。喷药时要特别注意树冠内部的叶片。

选用的农药和其他方法参见“红蜘蛛防治”。

3. 锈壁虱 *Phyllocoptes oleivora* Ashmead

【发生规律】

以成螨在柑橘的腋芽、卷叶（潜叶蛾为害的卷叶）内或过冬果实的果梗处、萼片下越冬。在我国 1 年发生 18～22 代左右。越冬成螨在春季日均气温上升至 15℃左右时（3 月份前后）开始取食为害和产卵等活动，以后逐渐向新梢迁移，聚集在叶背的主脉两侧危害。5～6 月份迁至果面上为害，7～10 月份为发生盛期，尤以气温 25℃～31℃时虫口增长迅速，11 月份气温降到 20℃以下时虫口减少，12月份气温降到10℃以下时停止发育，并开始越冬。

锈壁虱可借风、昆虫、苗木和从事操作的农具传播。一般上年发生严重，防治不够彻底，冬季气温偏高，晴天多，橘园管理粗放，树势衰弱的果园发生早而多。田间的发生分布极不均匀，有"中心虫株"的现象。田间虫口以叶背、果实下方和背阳面居多。台风暴雨对该螨有显著的冲刷作用。使用波尔多液等含铜、锌、锰、硫的杀菌剂防治柑橘病害时，也会杀死锈壁虱的重要天敌多毛菌，而导致其大发生。铜制剂对锈壁虱有诱发作用。

【防治方法】

（1）生物防治　保护和利用汤普森多毛菌、食螨瓢虫、捕食螨、食螨蓟马和草蛉等天敌。

（2）春季清园　方法同橘全爪螨。

（3）化学防治　用放大镜检查，一般每叶（或果）平均不超5～10头时进行防治。药剂可选用：25%三唑锡可湿性粉剂1 500～2 000倍液，或20%螨死净悬浮剂3 000倍液，或73%克螨特乳油2 000～2 500倍液，或15%速螨酮（哒螨灵）乳油2 000～3 000倍液，或50%托尔克可湿性粉剂2 000～3 000倍液，或99.1%敌死虫乳油200倍液（果实开始转色后慎用），或10%浏阳霉素乳油1 000～1 500倍液。

4. 瘤壁虱

【发生规律】

瘤壁虱在我国1年可发生10多代。年积温高的地方发生代数较多。整年可见各虫态在瘿内并存，在冬季以成螨居多。3月份柑橘萌芽时，成螨从老瘿内爬出，向新梢迁移为害，形成新的虫瘿，并在其中产卵繁殖。4～6月份为发生盛期。一般10月上旬停止出瘿，进入越冬期。春梢上虫瘿最多，夏梢上较少。远距离传播主要依靠接穗和苗木进行。主要危害幼嫩组织，形成胡椒子状开放型的新虫瘿，数代后可转移至新芽上为害。

【防治方法】

(1)加强检疫　严格控制疫区苗木和接穗外运，或用温度为46℃～47℃的热水浸8～10分钟，可以杀死瘿内外的活螨。

(2)农业防治　在冬季、早春或夏季修剪时重剪虫枝，并加强肥水管理，以恢复树势。

(3)生物防治　保护和利用汤普森多毛菌、食螨瓢虫、捕食螨、食螨蓟马和草蛉等天敌。

(4)化学防治　防治时间从春梢萌发开始，隔10～15天左右施1次，连喷2～3次。药剂选用同“锈壁虱”。

5. 红蜡蚧　*Ceroplastes rubens* Maskell

【发生规律】

红蜡蚧1年发生1代，以受精雌成虫越冬。田间发生的雌虫明显多于雄虫，占总蚧量的90%以上。通常在5月中旬开始产卵，5月下旬至6月上旬为产卵盛期，卵期1～2天。初孵若虫爬行约30分钟后陆续在枝梢和叶片上固定下来，固定后2～3天开始分泌白色蜡质。雌若虫蜕皮3次，一龄若虫期有20～25天，其发生盛期一般在5月下旬至6月中旬前后。9月上旬成熟交尾后越冬。已发现的天敌有多种寄生蜂。

【防治方法】

以化学农药防治为主，结合农业防治和保护利用天敌资源。

(1)农业防治　结合修剪，剪去有虫枝梢，更新树冠；加强肥水管理，促发新梢，恢复树势。

(2)生物防治　保护利用天敌，后期应控制用药。

(3)化学防治　6月中旬幼蚧大发生，是防治适期，可每隔10～15天1次，连续防治2～3次。药剂可选用：40%速扑杀（杀扑磷）乳油1 500倍液加95%机油乳剂（或99.1%敌死虫乳油）

250倍液，或95%机油乳剂（或99.1%敌死虫乳油）单剂120～180倍液1次，发生严重的园块隔15～20天再交替喷药1次；其他药剂有25%喹硫磷乳油1 000倍液，或40.7%毒死蜱乳油1 500倍液等。

6. 龟蜡蚧 *Ceroplastes floridensis*

【发生规律】

龟蜡蚧1年发生1代，以受精雌成虫越冬，5～6月份产卵，6～7月间孵化为若虫，9月间雄虫羽化。雄虫交尾后即死亡。雌虫多寄生于新梢上，果树被寄生后，常引起煤烟病。

【防治方法】

在6～7月间若虫孵化活动阶段，以及冬季果树休眠期间进行喷药，应用药剂，参照“红蜡蚧”防治。

7. 褐圆蚧 *Chrysomphalus aonidum* L.

【发生规律】

褐圆蚧在浙江每年发生3～4代，广东每年发生5～6代，后期世代重叠严重。主要以若虫越冬。卵产于介壳下母体的后方，经数小时至2～3天后孵化为若虫。初孵若虫活动力强，转移到新梢、嫩叶或果实上取食。经1～2天后固定，并以口针刺入组织为害。雌虫若虫期蜕皮2次后变为雌成虫；雄虫若虫期共2龄，经前蛹和蛹变为成虫。发育和活动的最适温度为26℃～28℃。在福州，各代一龄若虫的始盛期为5月中旬、7月中旬、9月上旬及11月下旬，以第二代的种群增长最大。已发现的天敌有12种寄生蜂、9种瓢虫、2种草蛉及日本方头甲、红霉菌等。

【防治方法】

(1)农业防治　合理修剪,剪除虫枝。加强栽培管理,恢复和增强树势。

(2)生物防治　保护和利用天敌,使用选择性药剂,挑治。

(3)化学防治　药剂防治的指标为5~6月份,10%的叶片(或果实)有虫,7~9月份,10%果实发现有若虫2头/果。局部为害的应采用挑治。

可选用的药剂有:95%机油乳剂(或99.1%敌死虫乳油)100~150倍液，或松脂合剂18~20倍液（冬季可用8~10倍液),或40%速扑杀(杀扑磷)乳油1 500倍液加95%机油乳剂(或99.1%敌死虫乳油)250倍液,或25%喹硫磷乳油1 000倍液,或50%乙酰甲胺磷乳油800倍液加25%噻嗪酮(扑虱灵)可湿性粉剂1 000倍液，或40.7%毒死蜱乳油1 500倍液等。每隔10~15天防治1次,连续防治2~3次。

8. 红圆蚧 *Aonidiella aurantii* Maskell

【发生规律】

在浙江每年发生3~4代,年积温高的地方发生代数增多。世代重叠明显,主要以老熟若虫及雌成虫越冬。4月份越冬若虫变为成虫。5月上旬胎生出现,5月中旬至6月为若虫高峰期。8月、9月下旬至10上旬分别为2、3代若虫发生高峰期。在温暖地区可发生第四代。胎生若虫在母体下停留几小时至2天,才爬出蚧壳,再经1~2天活动后,才固定下来取食。雌虫以叶片背面较多,雄虫则以叶片正面较多。1头雌成虫能胎生60~100头若虫。固定后1~2小时,即开始分泌蜡质,逐步形成蚧壳。在28℃时,一龄若虫期约12天,其中取食时间为3.5天,蜕皮时间为8天;二龄若虫期约10天,其中取食时间为3.5天,蜕皮时间为6天。若虫在蜕皮时不取食。雌虫蜕皮2次,共3龄。雄虫蜕皮1次,经蛹变为成虫。

【防治方法】

参照"褐圆蚧"。

9. 黄圆蚧 *Aonidiella citrina*

【发生规律】

黄圆蚧以若虫或雌成虫越冬。在浙江黄岩1年发生3~4代，世代重叠明显，各代幼蚧的发生高峰期分别出现在6月中旬、8月、10月上中旬和11月中旬至12月上旬。第一代若虫主要在叶片上为害，第二代开始上果实为害，第三、第四代果实上虫口数量大增。通常以第二代的发生量大。黄圆蚧的抗寒力较红圆蚧强，其他习性与红圆蚧相似。

【防治方法】

参见"褐圆蚧"。

10. 椰圆蚧 *Aspidiotus destructor* Signoret

【发生规律】

椰圆蚧在贵州省1年发生2代，在浙江省、江苏省1年发生3代，均以受精后的雌成虫在枝干上越冬。在贵州省第一代卵于4月中下旬开始孵化，5月上旬为孵化高峰期；第二代卵于7月中旬开始孵化，8月上旬为孵化高峰期。在浙江省各代卵的孵化高峰期分别在5月中旬、7月中下旬、9月中旬至10月上旬。雌成虫经交尾后，陆续在体内孕卵、产卵，卵产在介壳内。初孵若虫爬行敏捷，向上爬的习性较强，选择适合部位后固定，并逐渐分泌蜡质覆盖虫体。若虫大多寄生在嫩枝及嫩叶背面，越冬则大多寄生在枝干上。寄生在嫩叶背面的若虫，经取食后，即可在嫩叶正面呈现黄色圆形的斑点，随着虫龄增大和取食量的增加，斑点也逐渐扩大。

【防治方法】

参照“褐圆蚧”。

11. 糠片蚧 *Parlatoria pergendii* Comstock

【发生规律】

糠片蚧主要以雌成虫和卵在柑橘枝叶及苗木主干上越冬，少数二龄若虫和极少数雄蛹也可越冬。雌成虫有两性生殖和孤雌生殖两种方式，产卵期长达80多天。若虫孵化后爬行几小时至2天后固定于枝叶和果实表面。糠片蚧大多1年发生3～4代，世代重叠。初孵幼蚧在4～12月上旬均可见到，但1年中有3个相对高峰期，分别出现在5月下旬至6月上旬、7月下旬至8月上旬和9月上中旬。第一代主要在叶片上为害，第二代以后大量上果为害。

糠片蚧喜寄生在荫或光线不足的枝叶上，尤其在有蜘蛛网或植株内膛、下部有尘土积集的枝梢上更多，常聚集成堆。叶片上主要集中在中脉附近或凹陷处，以叶面为多，果实上多寄生于细胞凹陷处或果蒂附近。已发现的天敌有多种寄生蜂和草蛉、蓟马、瓢虫、方头甲等捕食性天敌。

【防治方法】

(1)保护利用天敌 保护和利用寄生蜂、捕食性瓢虫和日本方头甲等天敌。

(2)化学防治 按防治适期和防治指标进行防治，春梢萌芽前(约2月中旬至3月上旬)指标为10%叶片发现有若虫；第一代若虫盛发期（约5月下旬至6月上旬）指标为8%叶片发现有若虫；第二代若虫盛发期(约7月中旬至8月中旬)和第三代若虫盛发期(8月下旬至9月下旬)防治指标为5%果实发现有若虫平均2头/果，就需进行防治。

药剂选用参照“褐圆蚧”。

12. 矢尖蚧 *Unaspis yanonensis*

【发生规律】

矢尖蚧在四川、贵州、湖南、湖北、江西、浙江每年发生2～3代，广东、广西、福建每年发生3～4代。世代重叠严重，多以受精雌成虫越冬，少数以若虫和蛹越冬。卵产于母体介壳下，数小时后即可孵化为若虫，初孵若虫经1～2小时的爬行后即固定下来，并以刺吸式口器刺入组织为害。雌若虫多分散为害，经3龄后直接变为雌成虫；雄若虫则常群集于叶背为害，一龄后即分泌棉絮状蜡质介壳，二龄后变为预蛹，再经蛹变为成虫。

在重庆，各代一龄若虫高峰期分别出现在5月上旬、7月中旬和9月下旬。带虫叶片在橘园内随风飘动是矢尖蚧传播的主要途径；枝梢、叶片和果实的相互接触和带虫苗木、果实、接穗也是传播途径之一。

已发现的重要天敌有日本方头甲、整胸寡节瓢虫、红点唇瓢虫、矢尖蚧蚜小蜂、花角蚜小蜂等。

【防治方法】

(1)农业防治　结合修剪，在冬季和夏季剪除有虫枝梢以及过度郁闭的衰弱枝和干枯枝，使树冠通风透光良好、生长健壮。

(2)生物防治　注意保护利用天敌。在田间天敌发生数量大，控制能力强时，应注意保护。

(3)化学防治　防治策略是控两头压中间(代)，对严重发生的橘园，在注意保护天敌的同时，可重点在春季清园和第一代一龄若虫高峰期进行防治。由于矢尖蚧在田间发生世代重迭严重，给防治带来困难，而第一代若虫发生相对整齐。所以，应抓住第一代若虫盛发时喷药，效果较好。选用的药剂参照“褐圆蚧”。

13. 长白蚧 *Leucaspis japonica*

【发生规律】

长白蚧在浙江、湖南、江苏1年发生3代,主要以老熟若虫及前蛹在枝干上越冬,翌年3月中旬成虫羽化。在浙江,4月上中旬为化盛期,4月下旬为产卵盛期,5月上旬第一代若虫孵化,5月下旬为孵化盛期,7月下旬为第二代若虫孵化盛期;9月中旬至10月上旬为第三代若虫孵化盛期,世代重叠现象明显。已发现的天敌有几种寄生蜂和捕食性天敌红点唇瓢虫。在自然情况下,长白蚧寄生率可达13%左右。红点唇瓢虫捕食量较大,在自然条件下能消灭长白蚧为害。

【防治方法】

(1)苗木检疫　新区引进苗木时,应加强检疫。发现害虫,可用药蒸。每平方米用甲基溴40毫升,温度在16.5℃~18.5℃时蒸3小时。

(2)保护利用好天敌

(3)药剂防治　选用的药剂可参照"褐圆蚧"。

14. 吹绵蚧 *Icerya purchasi* Maskell

【发生规律】

吹绵蚧在华南、四川和云南南部1年发生3~4代,长江流域1年发生2~3代。以成虫、卵和各龄若虫在主干和枝叶上越冬,1年发生2~3代的地区主要以若虫和未带卵囊的雌成虫越冬,世代重叠明显。第一代的卵在3月上旬开始产生,5月为产卵盛期。若虫于5月上旬至6月下旬发生。成虫于6月中旬至10月上旬发生,7月中旬为盛期,产卵期平均为31.4天。第二代卵于7月上旬至8月中旬产生,8月上旬为产卵盛期。若虫于7月中旬至11月下旬发生,8~9月份为发生盛期。成虫于10月中旬至翌年7月发生,翌年2~3月份为发生盛期。

一、二龄若虫多寄生在叶背主脉附近,二龄后迁移分散至枝叶、树干及果梗处。每蜕一次皮,就换一个地方为害。喜群集。雄虫数量少,雌性多行孤雌生殖。雄虫羽化后开始交尾,飞翔力弱,寿命短。气温25℃~26℃和湿度较高时适宜产卵。

吹绵蚧适应性强,抗酸碱、抗水和耐高温,饥饿半个月以上也能成活。

【防治方法】

(1)加强检疫　在新区发展柑橘时,应栽种无危险性病虫的苗木。苗木或接穗上发现吹绵蚧等害虫时,每立方米可用甲基溴40毫升,在16.5℃~18.5℃下熏蒸3小时;无土苗木熏蒸时,应保护好根部后再熏蒸。若苗木已经定植,应在第一、第二代若虫孵化时连续喷药,彻底消灭虫源。

(2)防治适期　春梢萌芽前(约2月中旬至3月上旬);第一代若虫盛发期(5月中旬至6月中旬);第二代若虫盛发期(8月中旬至9月上旬);第三代若虫盛发期(约10月上旬至11月上旬)。

(3)药剂防治　5%枝条或叶片发现有若虫时开始施药,选用的药剂参照“褐圆蚧”。

15. 黑点蚧　*Parlatoria zizyphus*

【发生规律】

黑点蚧在多数橘区1年发生3~4代,主要以雌成虫和卵越冬。由于雌成虫寿命很长,并能孤雌生殖,可在较长时间内陆续产卵孵化,在适宜温度(15℃以上)下不断有新的若虫出现和发育成长,造成世代重叠,发生很不整齐。在浙江黄岩地区,各代的发生期依次为4月下旬至7月中旬、7月上旬至8月中旬和8月下旬至10月上旬。已发现的天敌有多种寄生蜂和瓢虫、日本方头甲等。一般以长缨恩蚜小蜂、中国蚜小蜂和红点唇瓢虫为优势种群。特别是8月份以后对黑点蚧的控制作用尤为显著。

【防治方法】

参照“糠片蚧”。

16. 柑橘粉蚧 *Planococcus citri*

【发生规律】

柑橘粉蚧1年发生3~4代，以若虫和雌成虫在树皮缝隙及树洞中越冬。4月中旬羽化为成虫，成虫常在树冠内幼嫩的树叶上活动，卵多产于叶背，常密集呈圆弧形，数粒至数十粒在一起。每个卵囊内有卵300~500粒，重叠成堆。虽有雄虫，但多为孤雌生殖。夏季产卵期为6~14天，卵期6~10天，若虫经1个月左右变为成虫。25℃~26℃温度是生长发育的适宜条件。初孵幼虫爬行不远，多在卵壳附近固定下来，吸食为害，若虫的蜕皮壳遗留在体背上。越冬雌成虫产卵前先固定，逐渐从腹面分泌白色卵囊进行产卵。

【防治方法】

在春梢萌芽前(约2月中旬至3月上旬)；第一代若虫盛发期(5月中旬至6月中旬)；第二代若虫盛发期（8月上旬至9月上旬)；第三代若虫盛发期(9月中旬至10月中旬)这4个时期，在5%的1~2年生枝条发现有若虫时，施药防治。

防治方法参照“褐圆蚧”。

17. 橘小粉蚧 *Pseudococcus citriculus* Green

【发生规律】

橘小粉蚧在赣南地区1年发生5~6代，多以雌成虫和部分若虫在枝叶上越冬。各代若虫孵化高峰期分别为5月上旬至5月中旬,6月中旬至6月下旬,8月上旬至8月中旬,9月上旬至9月中旬,11月上旬至11月中旬,12月中旬末至12月下旬。第一代若虫多在叶背、叶柄及果蒂处为害,第二、第三代若虫多在果蒂部为害。天敌有多种跳小蜂和瓢虫。

【防治方法】

剪除中、基部的虫枝和披垂枝;保护主要天敌——红点唇瓢虫。

药剂防治参见“褐圆蚧”。

18. 柑橘绵蚧 *Chloropulvinaria aurantii*

【发生规律】

柑橘绵蚧1年发生1代,以二龄若虫群集在叶片枝条上越冬。后转移至春梢新叶或果实上。5月上旬越冬代成虫出现,并分泌白色蜡质卵囊。每雌产卵约300余粒,产卵后雌成虫皱缩干瘪死亡。卵于5月下旬至6月上旬孵化。雄虫占比例较大,约为50%~60%。

【防治方法】

参见“褐圆蚧”。

19. 柑橘粉虱 *Dialeurodes citri* Ashm

【发生规律】

柑橘粉虱以高龄幼虫及少数蛹固定在叶片背面越冬。在浙江黄岩1年发生2~3代,上半年气温较高的年份以3代为主。各代若虫分别寄生在春、夏、秋梢嫩叶的背面为害。第一代成虫在4月间出现,第二代在6月间、第三代在8月份出现。卵产于叶背面，每雌成虫能产卵125粒左右；有孤雌生殖现象，所生后代均为雄虫。若虫群集叶背吸食汁液，抑制植物及果实发育，并诱致煤烟病。

已发现的天敌有粉虱座壳孢菌、扁座壳孢菌、刀角瓢虫、草蛉和多种寄生蜂。

【防治方法】

根据柑橘粉虱发生及为害特点，应采取治虫防病措施。农业防治是基础，化学防治是关键，统防联防是保障。抓住成虫和一至二龄若虫盛发期用药。喷药时，除重点喷洒于树冠的内膛和叶背外，还要注重对果园杂草和围篱的防治，才能彻底有效地消除黑刺粉虱及其诱发的煤烟病的危害。

(1)预测预报 加强对柑橘粉虱的预测预报工作，适时组织统防联防。

(2)农业防治 结合柑橘冬春修剪，剪除密生枝、病虫枝，改善通风透光条件，减少越冬虫源；及时铲除果园杂草和修整围篱，人为破坏害虫栖息的场所；加强肥水管理，合理种植，增强树体的抗性。

(3)生物防治 粉虱座壳孢菌是柑橘粉虱的天敌，可在田间采集已被粉虱座壳孢菌寄生的虫体的枝叶放到有柑橘粉虱为害的橘树上，或人工喷洒粉虱座壳孢子悬浮液。

(4)药剂防治 采取先治虫后防病的办法，各代成虫盛发期，于清晨或傍晚喷施90%敌白虫800～1 000倍液；各代若虫盛发期喷施：松脂合剂15～20倍液，或95%机油乳剂60～100倍液，或99.1%机油乳剂(敌死虫)80～120倍液，或40%的速扑杀1 500倍液，或10%吡虫啉可湿性粉剂2 000倍液，或速蚧灵1 000～1 500倍液。药剂每5～7天喷1次，连续2～3次。在彻底消灭害虫的基础上，再用50%的多菌灵可湿性粉剂800～1 000倍液或70%甲基硫菌灵可湿性粉剂800倍液，连续喷施2次，以杀灭煤烟病菌，经过一段时间的风吹雨淋，黑色霉层即干裂脱落，树体又可恢复正常的生长发育。

20. 黑刺粉虱 *Aleurocanthus spiniferus* Quaintance

【发生规律】

黑刺粉虱1年发生4~5代,以二至三龄幼虫在叶背越冬。发生不整齐，田间各种虫态并存。在重庆越冬幼虫于3月上旬至4月上旬化蛹,3月下旬至4月上旬大量羽化为成虫,随后产卵。各代一、二龄幼虫盛发期为5月至6月、6月下旬至7月中旬、8月上旬至9月上旬、10月下旬至11下旬。

成虫多在早晨露水未干时羽化，初羽化时喜欢荫蔽的环境，日间常在树冠内幼嫩的枝叶上活动,有趋光性,可借风力传播到远方。羽化后2~3天,便可交尾产卵,多产在叶背,散生或密集成圆弧形。幼虫孵化后作短距离爬行吸食。蜕皮后将皮留在体背上,以后每蜕一次皮均将上一次蜕的皮往上推而留于体背上。一生共蜕皮3次,二至三龄幼虫固定为害,严重时排泄物增多,煤烟病严重。

已发现的天敌有多种寄生蜂、瓢虫及草蛉、草间小黑蛛等。

【防治方法】

(1)农业防治　剪除生长衰弱及密集的虫害枝,使果园通风透光,及时中耕、施肥、增强树势,提高植株抗虫能力。

(2)生物防治　刺粉虱黑蜂和黄盾恩蚜小蜂,是黑刺粉虱的幼虫寄生蜂,是很有效的天敌,可加以保护和利用。

(3)化学防治　药剂防治的关键时期是各代一、二龄幼虫盛发期,特别是第一代。药剂可选用:25%噻嗪酮(扑虱灵)可湿性粉剂1 500倍液,或10%吡虫啉可湿性粉剂3 000倍液,或48%毒死蜱乳油1 000~1 500倍液,或90%敌百虫晶体800~1 000倍液,或松脂合剂15~20倍液等,都具有良好的防治效果。蛹期用90%晶体敌百虫500~1 000倍液防治,对寄生蜂影响小,有利于保护天敌。

21. 柑橘木虱 *Diaphorina citri* Kuwayama

【发生规律】

在周年有嫩梢的情况下,1 年可发生 11 ~ 14 代，其发生代数与柑橘抽发新梢次数有关,每代历期长短与气温有关。田间世代重叠。成虫产卵于露芽后的芽叶缝隙处,没有嫩芽不产卵。初孵的若虫吸取嫩芽汁液并在其上发育成长,直至五龄。成虫停息时尾部翘起,与停息面成 45° 角。在没有嫩芽时,停息在老叶的正面和背面。在 8℃以下时,成虫静止不动,14℃时可飞能跳,18℃时开始产卵繁殖。

木虱多分布在衰弱树上,这些树一般先发新芽,提供了食料和产卵场所。在一年中,秋梢受害最重,其次是夏梢,尤其是 5 月的早夏梢,被害后不可避免会爆发黄龙病。而春梢主要受到越冬代的为害。10 月中旬至 11 月上旬常有一次迟秋梢,木虱会发生一次高峰。连续阴雨天,会使木虱虫口大量减少。柑橘木虱对极端温度有较高的耐性，在自然条件下,–3℃ 24 小时后有 45%的成活率,在试验条件下,经 –5℃ 24 小时后有 39%的成活率。在田间木虱若虫被寄生蜂的寄生率有时可达 30%以上。

木虱对 550 纳米波长的黄绿色有很强的趋性,可用于诱捕和发生监测。

柑橘木虱的天敌种类较多，已发现的天敌有捕食性天敌 29 种,跳小蜂 2 种及蜘蛛 4 种,还有蚜虫霉等 4 种寄生菌。

【防治方法】

柑橘木虱是黄龙病传毒媒介,防治好木虱是防止黄龙病传播扩展的治本措施。

(1)严格检疫　应加强检疫措施,严防木虱随苗木及其他芸香科寄主运到无虫区种植。

(2)农业防治　做好冬季清园。冬季气温低,越冬的木虱成虫活动能力差,可通过喷药杀灭,能有效减少春季的虫口。在一个果园内种植的品种要求一致，便于落实统一的管理措施。加强肥水管理，使橘树长势旺盛，新梢抽发整齐，利于统一时间喷药防治木虱。

(3)生物防治　柑橘木虱的天敌种类很多，要很好地加以保护利用。

(4)化学防治　在春、夏、秋嫩梢抽发期，应及时喷药，第一次喷药时间应在露芽期进行。

防治药剂可选用：25%吡虫啉 4 000 倍液，或 70%艾美乐 20 000 倍液，或 20%甲氰菊酯(灭扫利)乳油 1 000 ~ 3 000 倍液，或99.1%机油乳剂(敌死虫)200 ~ 400 倍液，或松脂合剂 15 ~ 20 倍液，或 80%敌敌畏 500 ~ 800 倍液，或 5%锐劲特 1 500 倍液，或 1.8%虫螨杀星 3 000 倍液等，对成虫和若虫均有较好的防效。0.5 波美度石硫合剂对卵有很好的杀灭作用。

22. 橘蚜　*Toxoptera citricidus* Kirkaldy

【发生规律】

以卵或成虫越冬。3 月下旬至 4 月上旬越冬卵孵化为无翅若蚜为害春梢嫩枝、叶，若蚜成熟后便胎生幼蚜、虫口急剧增加于春梢成熟前达到危害高峰。8、9 月份为害秋梢嫩芽、嫩枝，影响翌年产量，以春末夏初和秋初繁殖最快，为害最严重。繁殖最适温度 24℃ ~ 27℃，高温久雨橘蚜死亡率高、寿命短。低温也不利于该虫的发生。干旱、气温较高该虫发生早而严重。年发生 10 余代(川、湘、赣、浙)至 20 余代(闽、粤、桂、滇、台)。枝梢、叶片老熟或虫口密度过大等环境条件不适宜时，就会产生有翅蚜，迁飞到其他植株上继续繁殖为害。

若虫蜕皮 4 次变为成虫。一代历期 5.5 ~ 42 天，平均 10.6 天。每头雌蚜能胎生幼蚜 5 ~ 68 头，最多达 93 头。有翅雌蚜和雄蚜于秋末冬初的 11 月下旬发生。交配后产卵越冬。在南亚热带橘区该虫全年发生，2、3月份多为无翅蚜，4、5月份和8、9月份除无翅蚜外，常发生有翅蚜。

已发现的天敌有瓢虫、草蛉、食蚜蝇、寄生蜂和寄生菌等多种。

【防治方法】

(1) 农业防治　冬夏结合修剪剪除被害及有虫、卵的枝梢，刮除大枝上越冬的虫、卵，消灭越冬虫源，夏、秋梢抽发时，结合摘心和抹芽，去除零星新梢、打断其食物链，以减少虫源，剪除全部冬梢和晚秋梢，以消除其上过冬的虫口，压低过冬虫口基数。

(2)保护利用天敌　已知蚜虫的天敌近200种，其中瓢虫、草蛉、食蚜蝇、寄生蜂和寄生菌等都是很有效的天敌，在柑橘园内尽可能的采用挑治、涂干等方法防治，以保护利用天敌。春夏橘园蚜虫盛发时，可从麦田、油菜地搜集瓢虫、草蛉和蚜茧蜂、小蜂等释放到橘园。

(3) 药剂防治　在新梢有蚜率25%左右时选用下列药剂挑治或防治。10%吡虫啉可湿性粉剂2 000倍液，或10%氯氰菊酯乳油5 000倍液，或80%敌敌畏乳油1 000倍液，或15%杀虫畏乳油800倍液，或洗衣粉(20型)和杀蚜素水剂300倍液，或20%丁硫克百威乳油2 000～3 000倍液，或3%啶虫脒乳油2 500～3 000倍液，或95%蚧螨灵乳油150～250倍液，7天左右1次，连续2次。个别植株和枝梢发生时，用40%乐果或50%磷胺乳油1∶5液，枝梢点涂；大树6毫升/株，此法对天敌影响小。

23. 棉蚜　*Aphis gossypii* Glover

【发生规律】

棉蚜每年可发生20～30代，以卵在木槿、花椒和石榴等植物的枝条基部越冬。翌年3月份越冬卵孵化为干母，气温升至12℃以上时开始繁殖。在早春和晚秋19~20天完成1代，夏季4~5天完成1代。繁殖的最适温度为16℃~22℃。已知的天敌有多种瓢虫、草蛉、食蚜蝇等。寄生性天敌有3种蚜茧蜂和1种拟跳小蜂。

【防治方法】

(1)农业防治　夏、秋季结合修剪，剪除被害枝或有虫、卵的枝梢。生长季节抹除零星抽发的新梢。

(2)粘捕　橘园中设置黄色粘虫板可粘捕到大量的有翅蚜。

(3)保护利用天敌　合理使用农药，注意对天敌的保护利用。如园中天敌稀少，也可从麦田、棉田或油菜田中搜集瓢虫、食蚜蝇和草蛉释放到橘园中。

(4)药剂防治　防治指标可掌握在1/3以上的新梢有蚜虫发生。可选用的药剂有：10%吡虫啉可湿性粉剂2 500~4 000倍液，或20%丁硫克百威(或好安威)乳油1 500~2 000倍液，或50%抗蚜威可湿性粉剂，或24%灭多威乳油，或25%速灭威乳油1 000~2 000倍液，或22%蚜虱灵可湿性粉剂3 500倍液。

24. 橘二叉蚜 *Toxoptera aurantii* Boyer

【发生规律】

橘二叉蚜1年发生10余代，以无翅雌蚜或老若虫越冬。翌年3~4月开始取食新梢和嫩叶，以春末夏初和秋天繁殖多、为害重。其最适宜温度为25℃左右。雨水过多或干旱不利其发生。在田间几种蚜虫常混合发生。多行孤雌生殖。一般为无翅形，当叶片老化食料缺乏或虫口密度过大时，便产生有翅蚜迁飞他处取食。

【防治方法】

参照“橘蚜”。

25. 绣线菊蚜 *Aphis citricola* Van der Goot

【发生规律】

绣线菊蚜在台湾1年发生18代左右,以成虫越冬。在福州等地,冬季可在冬梢上繁殖。在冬季温度较低的地区,秋后产生两性蚜,于雪柳等树上产卵,少数也能在柑橘树上产卵越冬。春季孵出无翅干母,并产生胎生有翅雌蚜,在柑橘枝梢伸展时开始飞,以柑橘树上为害。发生初期,柑橘园边的树上虫子口密度显著多于园内,但随后这种差异趋于消失。春叶硬化时,虫数暂时减少,夏梢萌发后,又急剧上升,盛夏雨季时又趋下降,秋梢时再度大发生,虫口常达全年的最高峰,直到初冬才趋于下降。已知的天敌有捕食性的多种瓢虫、草蛉、食蚜蝇和寄生性的30余种寄生蜂。

【防治方法】

参见“棉蚜”。

26. 黑蚱蝉 *Cryptotympana atrata* Labricius

【发生规律】

黑蚱蝉完成1代需要4~5年。成虫每年5月下旬至8月出现,一般平均气温达22℃时,始见蝉鸣声,雌虫于6~8月份产卵在枝梢的木质部内。枝梢一般为上一年的夏、秋梢,直径4~5毫米。卵窝双行螺旋形沿枝条向上排列,每窝3~5粒,每枝产卵平均100余粒。一雌蝉产卵500~600粒。成虫寿命60~70天。卵在枝条内越冬,卵期长达10个月左右,越冬卵于翌年5月开始孵化,幼虫落地后钻入土中,吸食树木根部汁液发育成长。老龄若虫可以土筑卵形“蛹室”,羽化时破室而出,爬上树干或枝条、叶片固定后从背部破皮羽化。

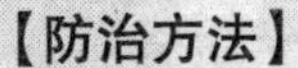

【防治方法】

捕捉成虫。利用成虫的趋光性来捕捉成虫。及时剪除产卵枯枝,集中烧毁。松土除若虫,阻止若虫上树。可在树干包扎一圈8~10厘米的塑料薄膜,阻止老熟若虫上树蜕皮。在成虫盛期可喷洒20%速灭杀丁乳油2 000~3 000倍液杀灭成虫，能收到一定效果。

27. 蟪 蛄 *Platypleura kaempferi* Fabricius

【发生规律】

蟪蛄数年发生1代,以若虫在土中越冬,但每年均有一次成虫发生。若虫在土中生活,数年老熟后于5~6月中下旬若虫在落日后出土,爬到树干或树干基部的树枝上蜕皮,羽化为成虫。刚蜕皮的成虫呈黄白色,经数小时后变为黑绿色,不久雄虫即可鸣叫。成虫主要在白天活动。7~8月份为产卵盛期,卵产于当年生枝条内,每孔产数粒,产卵孔纵向排列,多时每枝可产卵近百粒,上部枝条因伤口失水而枯死。卵当年孵化,若虫落地入土,吸食根部汁液。

【防治方法】

参照“黑蚱蝉”。

28. 花 蕾 蛆 *Contarinia citri* Brnes

【发生规律】

柑橘花蕾蛆每年发生1代,部分地区发生2代,以幼虫在土中越冬。柑橘现蕾时成虫羽化出土,先在地面爬行至适当位置后,白天潜伏于地面,夜间活动和产卵。花蕾直径2~3毫米,顶端松软的,最适于产卵,卵产在子房周围。

幼虫为害花器使花瓣变厚,花丝花药成褐色,并产生大量黏液以增强其对干燥环境适应力。幼虫在花蕾中生活约10天即爬出花蕾,弹入土中越夏越冬。在柑橘花蕾蛆的年生活史中,大多数个体的三龄幼虫和蛹在土中生活约11个半月,其余虫态在地面上生活仅约半个月,而少数脱蕾较早的幼虫入土后不久即行化蛹。4月底进入第二个成虫羽化盛期,飞到开花较迟的柑橘树上繁殖第二代。

幼虫孵化后在子房周围为害,在花蕾内的胶质黏液中异常活跃。出蕾入土多在清晨或阴雨天,借助剑骨片弹跳入6.5厘米以内的土层中,一般在树冠周缘内处30厘米的土中较多,常在4月中下旬,入土不久即做茧,幼虫卷缩于其内,至翌年3月开始活动,再做新茧化蛹。幼虫抗水能力强,可在水中存活20天以上,可随流水传播。柑橘花蕾蛆的发生和为害程度与环境关系密切:阴雨有利成虫出土和幼虫入土,阴湿低洼果园,阴面果园和荫蔽果园,沙土均有利于发生。

【防治方法】

(1)地面喷药 在成虫出土前(即现蕾初期)或幼虫入土初期(即谢花初期)选用以下农药,每公顷用量为:10%二嗪农颗粒剂16.5千克,或50%辛硫磷乳油0.225~0.3千克,与375千克细土混匀后撒施地面,可防止当年花蕾受害和减少翌年虫口数量。

(2)树冠喷药 在柑橘现蕾期,成虫出土后,立即抓紧树冠喷药,可用90%敌百虫800~1 000倍液,或10%氯氰菊酯乳油3 000倍液,或50%辛硫磷乳油1 000~2 000倍液,每隔5~7天喷1次,连续喷2次。

(3)摘除受害花蕾 在花期及时摘除被害花蕾,集中处理杀死幼虫。

(4)翻土 结合冬季耕翻或春季浅耕园土;可压低翌年虫口基数。

29. 星天牛 *Anoplophora chinensis* Forster

【发生规律】

星天牛1年发生1代，以幼虫在树干基部或主根内的木质部中越冬。翌年春化蛹,成虫在4月下旬至5月上旬开始出现,5~6月份为羽化盛期。卵多产于离地面5厘米以内的树干基部,5月底至6月中旬为产卵盛期。产卵处表面湿润,有树脂泡沫流出。

幼虫孵化后先在产卵处附近的皮层下蛀食，不久即向下蛀食,当达地平线以下时即绕主干周围迂回蛀食。导致皮层被蛀食后养分和水分的输送被阻，造成整株死亡。幼虫在皮下蛀食2~4个月后,常在近地表处蛀入木质部为害,形成10~15厘米长的虫道,虫道上部的5~6厘米为蛹室。幼虫于11~12月份进入越冬状态。

【防治方法】

可采用捕杀成虫(星天牛成虫多于9~13时在树枝上取食和交尾)、树干(距地面60厘米以下)涂白或包扎防止产卵、刮杀虫卵及低龄幼虫、钩杀或药杀老龄幼虫和保护利用天敌等措施。

30. 褐天牛 *Nadezhdiella cantori* Hope

【发生规律】

褐天牛每2年完成1代,幼虫和成虫均可越冬。一般在7月上旬以前孵化的幼虫,当年以幼虫在树干蛀道内越冬,翌年8月上旬至10月上旬化蛹,10月上旬至11月上旬羽化为成虫并在蛹室内越冬,第三年4月下旬成虫外出活动。8月以后孵化的幼虫,则需经历2个冬天,田间4~8月份均有成虫出洞,4月底至

5月初为出洞盛期。成虫出洞后在上半夜活动最盛,白天多潜伏在树洞内,1年中在4～9月份均有成虫外出活动和产卵,以4～6月份外出活动产卵最多，幼虫大多在5～7月份间孵化。初孵幼虫先在卵壳附近皮层下横向取食,7～20天后，幼虫虫体长达15～20毫米时,开始蛀食木质部,并产生虫粪和木屑,同时在树干上产生气孔与外界相通,后幼虫老熟并化蛹。褐天牛一般在栽培管理不好的橘园和老橘树上发生多，为害严重。

【防治方法】

捕杀成虫;毒杀成虫和阻止成虫产卵;刮除卵粒和初孵幼虫;毒杀幼虫;钩杀幼虫;加强栽培管理,增强树势。

31. 稻绿蝽 *Nezara viridula* Linnaeus

【发生规律】

稻绿蝽食性较杂。在广东1年发生3～4代,田间各世代发生比较整齐,以成虫群集于田埂松土下或田埂杂草根部小土窝内越冬。也能在柑橘等寄主上越冬。橘园越冬成虫翌年3～4月份陆续飞出活动,卵产在叶面,初孵若虫聚集在卵壳周围,二龄后分散取食。第一代成虫出现在6～7月份,第二代成虫出现在8～9月份,第三代成虫出现在10～11月份。每年柑橘园大发生与夏、秋两季水稻收割后在稻田为害的成虫向柑橘园迁飞有关,此时大量稻绿蝽集中于柑橘园吸食果汁,主要为害未成熟果,最初食痕不明显,逐渐变黑后腐烂,呈红色,对鲜果品质影响很大。

【防治方法】

(1)清园　冬春期间,结合积肥清除田边附近杂草,减少越冬虫源。

(2)人工捕杀　利用成虫在早晨和傍晚飞翔活动能力差的特点,进行人工捕杀。

(3)药剂防治　掌握在若虫盛发高峰期,群集在卵壳附近尚未分散时用药,可选用90%敌百虫700倍液,或80%敌敌畏800倍液,或50%杀螟硫磷乳油1 000～1 500倍液,或40%乐果800～1 000倍液,或25%亚胺硫磷700倍液,或菊酯类农药3 000～4 000倍液喷雾。

32. 长吻蝽 *Rhyncholoris humeralis*（Thunberg）

【发生规律】

长吻蝽在国内橘区一般1年发生1代,以成虫在果树枝叶茂密处,屋檐或石隙等荫蔽处越冬。若虫共5龄,若虫期25～39天。此虫蜕皮时,先以口器插入果实或嫩枝内,然后蜕皮,这点与其他椿象不同。若虫5月出现,7～8月份为低龄若虫发生盛期。长吻蝽成虫和若虫均为害柑橘果实,无论幼果、成熟果或半腐烂果实均取食,被害果外表一般不形成水渍状,刺孔不易发现(这点可与吸果夜蛾为害状区别),被害部分渐渐变黄,被害果常脱落,即使不脱落也成僵果。

长吻蝽的天敌有卵寄生蜂橘棘蝽平腹小蜂、黑卵蜂等,此外还有一些捕食性天敌,如螳螂、黄掠蚁等捕食若虫及成虫。

【防治方法】

(1)人工防治　清晨露水未干活动力弱时,人工捕捉栖息于树冠外面叶片上的害虫。5～9月份人工摘除未被寄生的叶上卵块。

(2)保护利用天敌　在5～7月份人工繁殖寄生蜂,并在橘园释放。

(3)药剂防治　一至二龄若虫盛期,寄生蜂大量羽化前对虫口密度大的果园进行挑治。用20%灭扫利或20%氰戊菊酯2 000～3 000倍液。加入少量松脂合剂,可提高防效。

33. 曲胫侎缘蝽 *Mictis tenebrosa* Fabricius

【发生规律】

曲胫侎缘蝽在江西省南昌市1年可发生2代,以成虫在寄主附近的枯枝落叶下过冬。翌年3月上中旬开始活动,4月下旬开始交尾,4月底至5月初开始产卵,直至7月初,6月上旬至7月中旬陆续死亡。第一代若虫于5月中旬初至7月中旬孵出,6月中旬至8月中旬初羽化,6月下旬至8月下旬初产卵,7月下旬至9月上旬先后死去。第二代若虫于7月上旬至9月初孵出,8月上旬至10月上旬羽化,10月中下旬至11月中旬陆续进入冬眠。卵产于小枝或叶背上,初孵若虫静伏于卵壳旁,不久即在卵壳附近群集取食,一受惊动,便竞相飞散。二龄起分开,与成虫同在嫩叶上吸食。

【防治方法】

(1)喷药防治　在发生期用90%晶体敌百虫800倍液喷雾,有良好的防治效果,也可选用50%辛硫磷乳油1 000倍液,或20%灭扫利乳油1 500倍液进行防治。

(2)人工防治　掌握发生时间,在初孵的若虫未分散时进行人工捕捉。保护利用天敌,特别是寄生于卵的跳小蜂。

34. 珀蝽 *Plautia fimbriata*(Fabricius)

【发生规律】

珀蝽江西南昌1年发生3代。以成虫在枯草丛中、林木繁茂处越冬,翌年4月上中旬开始活动,4月下旬至6月上旬产卵,5月上旬至6月中旬陆续死亡。第一代在5月上旬至6月中旬孵化。6月中旬始羽,7月上旬开始产卵。第二代在7月上旬始孵,8月上旬末始羽,8月下旬至10月中旬产卵。第三代在9月初至10月下旬初孵化,10月上旬始羽。10月下旬开始陆续蛰伏越冬。

成虫喜欢躲藏在果实和枝梢中，卵多产于果实表面，有时也产在叶片上，易被寄生蜂寄生。低龄若虫群集，三龄后分散活动。在果实膨大期、成熟期发生量大。若虫和成虫以为害柑橘果实为主，同时也为害柑橘新梢。幼果被害造成落果，或造成生长不良的畸形果、硬小果。7～8月份是为害高峰期。

【防治方法】

5～9月份成虫产卵期间，及时摘除卵块。在低龄期用80%敌敌畏乳剂1 000倍液或80%敌百虫粉剂800倍液喷杀。在果实膨大期，如果成虫数量大，也要喷施药剂。注意保护天敌。

35. 麻皮蝽 *Erthesina fullo* Thunberg

【发生规律】

麻皮蝽华北地区1年发生1代，以成虫在向阳面的墙缝间、树皮缝中等处越冬，4月下旬至5月上旬开始为害，5月下旬开始产卵，若虫5龄，8月底以后成虫陆续越冬。成虫及若虫均以锥形口器吸食多种植物汁液。

【防治方法】

(1)人工防治　成虫越冬期进行人工捕捉，或清除枯枝落叶和杂草，集中烧毁，可消灭越冬成虫。摘除卵块销毁。

(2)药剂防治　若虫发生初期，抓紧时间于若虫未分散之前喷施6%吡虫啉乳油3 000～4 000倍液，或50%辛硫磷乳油800倍液，或2.5%溴氰菊酯乳油3 000倍液，或2.5%功夫乳油3 000倍液。

36. 爆皮虫 *Agrilus citri* Mats

【发生规律】

爆皮虫1年发生1代。以各龄幼虫在树干皮层下(低龄)或木质部(老熟幼虫)内越冬。越冬幼虫于翌年2月中旬开始取食和老熟化蛹,以4月下旬化蛹最多,同时开始羽化为成虫,5月上旬为羽化盛期,5月中旬成虫开始咬穿木质部和树皮作"D"字形羽化孔出洞,5月下旬为出洞盛期,这批成虫数量多,为害性大,以后7月上旬和8月下旬仍有部分成虫出洞。晴天闷热无风之日或雨后初晴的中午出洞最多。日均温19℃左右时成虫才能出洞,温度增高出洞数量多,反之则少。出洞成虫于晴天飞到柑橘树冠上取食嫩叶,吃成小缺刻;遇阴雨天则静伏在树冠下部枝叶上、草丛中或间作物上不动。成虫具假死习性。

卵散产裸露或2~10粒密排成鱼鳞状。雌虫一生产卵20~45粒。卵多产在树干裂缝或分枝处树皮下,少数产在树干上的地衣、苔藓下面。树皮粗糙,裂缝多的树和品种受害较严重。大树、老树(20年生以上),营养不足、管理差长势弱的柑橘园受害重。产卵始期为5月下旬,6月中下旬为盛期。卵期15~24天。7月上中旬为孵化盛期。初孵幼虫在皮层蛀食为害,伤口有泡沫状流胶,是明显的特征。由于成虫陆续出洞、产卵,幼虫发生参差不齐,所以在树上终年有幼虫。

【防治方法】

(1)加强栽培管理 搞好栽培管理,增强树势,提高对爆皮虫的抵抗力。在3月上旬以前应彻底挖除并处理好被害严重和枯死的橘树。在早春用稻草绳捆扎被吉丁虫为害严重和邻近被害轻的橘树的全部主干,外涂稀泥,以防止成虫飞出和迁飞来树干上产卵为害。8月下旬解除草绳。于3、6、9月份用小刀或圆凿削除流胶被害的树皮,以消灭卵、幼虫和蛹。

(2)药剂防治 于4月上旬前,成虫羽化后未出洞产卵时,用小刀刮除被害部翘皮,然后用25%亚胺硫磷、80%敌敌畏乳油3~5倍液,或将上述药剂与煤油、轻柴油1:1混合液涂抹被害部位,杀死虫、卵。也可用、亚胺硫磷等5倍液涂抹全树干和主枝,以毒死出洞成虫和防止外来的成虫产卵。

或用80%敌敌畏乳油10~20倍黏土,加适量水调成浆糊状,涂敷整个树干和主枝。在成虫出洞高峰期,上树冠为害嫩叶时,树冠喷布80%敌敌畏乳油2 000倍液,或90%晶体敌百虫1 000~1 500倍液,或25%亚胺硫磷乳油500倍液,每隔10天1次,连续2次。

37. 溜皮虫 *Agrilus sp*

【发生规律】

溜皮虫1年发生1代,以幼虫在树枝木质部越冬。4月中旬开始化蛹,5月上旬开始羽化,5月下旬开始出洞,6月上旬为出洞盛期,迟者可到7月出洞。成虫出洞后5~6天交尾。交尾后1~2天产卵。卵产于树枝表皮外,常有绿色物覆盖。卵期15~24天,平均19.4天。由于成虫出现期有早有晚,故其产卵、孵化,幼虫活动期不齐。初孵幼虫取食皮层处表面有泡沫状流胶。以后沿枝啃食形成螺旋形虫道,使受害处表皮开裂形成明显的孔道。

夏天羽化的成虫于5~6月产卵,幼虫为害时间较长,喜在小枝条上为害。虫道形式复杂,常缠成螺旋状。幼虫在7月上旬为害甚烈,7月下旬前后潜入木质部,翌年5~6月份羽化为成虫,秋天羽化的成虫于7~8月间产卵,幼虫为害时间较短,溜道形式简单,常呈钩状;幼虫于10月上旬钻入木质部,翌年6~7月羽化为成虫。

【防治方法】

(1)剪枝　在成虫出洞前剪除虫枝销毁。

(2)刺杀幼虫　用小刀在有泡沫状流胶液处,刮杀初孵幼虫。或在已入木质部幼虫的最后一个螺旋弯道内寻找半月形的进口孔处,顺螺旋纹方向转45°角,距进孔口约1厘米处,用尖钻刺杀幼虫。

(3)毒杀成虫　防治方法参照“爆皮虫”。

38. 恶性叶甲 *Clitea metallica* Chen

【发生规律】

恶性叶甲在浙江黄岩地区1年发生3代;福建南部每年发生3~4代;广东潮阳年发生6~7代。以成虫在腐朽的枝干或卷叶内越冬。在浙江黄岩,各代幼虫的发生期分别为4月下旬至5月中旬、7月下旬至8月上旬和9月中下旬。以第一代幼虫为害春梢最为严重。成虫散居,活动性不强,有假死习性。卵多产于嫩叶背面或叶面的叶缘及叶尖处,绝大多数2粒并列,卵周围的叶片组织微呈黑色。幼虫喜群居,孵化后先在叶背取食叶肉,留存表皮,后连表皮食去,造成叶片呈不规则缺刻和孔洞。幼虫老熟后沿枝干爬下,在地衣、苔藓、枯死枝干树洞及土中化蛹。蛹分布在距主干0.5米、深1厘米左右的范围内。已发现的天敌有猎蝽、蠼、蚂蚁、瓢虫和白色霉菌等。

【防治方法】

(1)清除越冬场所　用松碱合剂(春季发芽前用10倍液,秋季用18~20倍液)灭杀地衣和苔藓;清除枯枝、枯叶和霉桩。

(2)诱杀虫蛹　在幼虫老熟开始化蛹时用带有泥土的稻根放置在树叉处,或在树干上捆扎涂有泥土的稻草,诱集化蛹,在成虫羽化前烧毁。

(3)药剂防治　在初孵幼虫盛期(以第一代为主)喷药防治。药剂有:2.5%溴氰菊酯(敌杀死)乳油或20%氰戊菊酯(速灭杀丁)乳油3 000~4 000倍液,或90%晶体敌百虫或50%马拉硫磷乳油800~1 000倍液,或20%好安威乳油1 000倍液。

39. 潜叶甲 *Podagricomela nigricollis*

【发生规律】

潜叶甲每年发生1代,以成虫在树干上的地衣、苔藓下,树皮裂缝及土中越冬。在浙江黄岩地区,3月下旬至4月上旬越冬成虫开始活动,4月上中旬产卵,4月上旬至5月中旬为幼虫为害期,5月上中旬化蛹,5月下旬开始越夏。成虫喜群居,跳跃能力强,有不显著的假死习性。越冬成虫恢复活动后,取食嫩叶、叶柄和花蕾,果柄有时也可被害。当年的成虫羽化后,食光叶背表皮及叶肉,仅留叶面表皮。卵单粒散产,多黏在嫩叶背面。幼虫孵化后1小时即从叶背钻入叶内,将叶片蛀食成不规则的弯曲虫道,导致叶片脱落,待叶片渐干时,幼虫即从叶内咬孔而出,入土化蛹。蛹室的位置多在主干周围60~150厘米的范围内,入土深度4厘米左右。

【防治方法】

越冬成虫活动盛期及一龄幼虫期喷药防治(药剂种类和浓度参见恶性叶虫);幼虫为害期及时摘除被害叶或扫集落叶加以烧毁,以杀灭叶内幼虫;化蛹盛期中耕松土以灭杀虫蛹;成虫越夏越冬期用松碱合剂(春季发芽前用10倍液,秋季用18~20倍液)等杀灭地衣和苔藓,破坏越夏越冬场所。可选用48%毒死蜱1 000倍液,或90%晶体敌百虫800~1 000倍液,或80%敌敌畏乳油800~1 000倍液,或50%马拉硫磷乳油1 000倍液喷洒。

40. 枸橘潜叶甲 *Podagricomela weisei* Heikertinger

【发生规律】

枸橘潜叶甲1年发生1代,3月下旬至4月上旬成虫出蛰,幼虫为害期在3月末至5月中旬。越冬成虫出蛰后啃食当年生春梢嫩叶呈缺刻,补充营养,随即交尾,交尾后1天即产卵。成虫有多次交尾习性和不显著的假死性。

卵单粒散产在嫩叶叶尖及叶缘,以叶尖最多。1头雌虫一般可产卵70粒左右,卵期约10天。孵出的幼虫经30分钟至1小时即从叶背蛀孔钻入叶组织内,在上、下表皮间蛀食叶肉,虫体清晰可见,形成不规则的透明弯曲虫道。其为害状与恶性叶甲幼虫取食叶背叶肉及表皮使被害叶呈不规则缺刻或孔洞的为害症状明显不同。

【防治方法】

(1)农业防治　冬季清洁橘园,清除树干上的地衣、苔藓,堵塞树干缝隙,减少越冬场所;春梢生长期摘除有虫叶,清除新的落叶,集中烧毁,将幼虫消灭在入土化蛹之前;幼虫化蛹期中耕松土,破坏蛹室,降低羽化基数。

(2)化学防治　参照“恶性叶甲”。

41. 铜绿金龟子 *Anomala corpulenta* Motschulsky

【发生规律】

铜绿金龟子1年发生1代。以幼虫在土壤内越冬。翌年5月上旬成虫出现,5月下旬达到高峰。黄昏时上树为害,半夜后即陆续离去,潜入草丛或松土中,并在土壤中产卵。成虫一般雄大雌小,为害植物的叶、花、芽及果实等地上部分。夏季交尾产卵,卵多产在树根旁土壤中。幼虫乳白色,体常弯曲呈马蹄形,背上多横皱纹,尾部有刺毛,生活于土中,一般称为“蛴螬”。啮食植物根和块茎或幼苗等地下部分,为主要的地下害虫。老熟幼虫在地下做茧化蛹。为害成虫咬食叶片成网状孔洞和缺刻,严重时仅剩主脉,群集为害时更为严重。常在傍晚至晚上10时咬食最盛。

【防治方法】

利用假死习性,于夜晚树下垫薄膜,摇树震捕。有条件地方可用黑光灯诱杀。

在黄昏后用90%敌百虫800倍液或40%乐果800倍液喷洒。

42. 白星花金龟 *Liocola brevitarsis* Lewis

【发生规律】

白星花金龟1年发生1代,以幼虫在土中越冬。成虫5月份出现,7~8月份为发生盛期。有假死性。主要为害玉米(乳期)、大麻等植物的花,或为害有伤痕的或过熟的桃和苹果,吸取榆、栎类多种树木伤口处的汁液。成虫产卵于含腐殖质多的土中或堆肥和腐物堆中。幼虫(蛴螬)头小体肥大,多以腐败物为食,常见于堆肥和腐烂秸秆堆中,有时亦见于鸡窝中。以背着地,足朝上行进。

【防治方法】

(1)人工防治　成虫发生盛期可用黑光灯诱杀。利用成虫假死习性,在成虫发生盛期,清晨温度较低时振落捕杀。

(2)药剂防治　可用50%辛硫磷乳油1 000倍液,或2.5%敌杀死乳油2 000倍液,或2.5%功夫乳油2 000倍液,或25%爱卡士乳油1 000倍液等与600倍天达2116混配喷雾,防治幼虫。

43. 斑喙丽金龟 *Adoretus tenuimaculatus* Waterhouse

【发生规律】

斑喙丽金龟在江西婺源地区1年发生2代,以幼虫在表土中越冬。翌年4月下旬开始化蛹,5月上旬越冬代成虫开始羽化为害。越冬代成虫于6月中下旬、第一代成虫于8月下旬至9月上旬盛发。

成虫羽化后在土中潜伏2~3天，再于傍晚出土上树，群栖于橘树老叶背面（少数在叶缘）取食，交尾。后半夜成虫逐渐减少，凌晨全部飞离树体，潜伏于树体周围或其他作物地的表土内，个别也可在植物的叶背潜伏。成虫具有假死性和趋光性。受害叶多呈丝网状，少数咬食成孔洞状。卵产于表土中，幼虫孵化后在表土中咬食须根或根表皮层。老熟后筑一内壁光滑、椭圆形较坚硬的土室化蛹。

【防治方法】

（1）人工捕杀　成虫大量出土后，晚间利用其假死性，在果园或附近作物、果木上振落捕杀。还可结合果园或其他地块的耕作，捕杀幼虫。

（2）灯火诱杀　成虫盛发期，利用其趋光性，在附近空地上设诱虫灯或火堆诱杀成虫。

（3）药剂防治　在成虫盛发初期于19时后喷施80%敌敌畏乳油或50%辛硫磷乳油800~1 000倍液防治。

44. 大灰象鼻虫　*Sympiezomia citri* Chao

【发生规律】

大灰象鼻虫每年发生1代，以成虫在土中过冬，翌年4月间开始活动，爬到果树苗木上为害新芽嫩叶。6月产卵，卵产在叶片尖端，并将叶片尖端从两边折起，把卵包于折叶中。幼虫孵化后即落地钻入土中生活，并在土中化蛹，羽化成虫过冬。成虫不会飞，只能爬行，且行动迟缓，白天不大活动，清晨和傍晚活动取食最盛。假死性强。

【防治方法】

（1）人工捕杀　在成虫出土高峰期，利用其假死性，振动橘树，下面用塑料薄膜承接后集中烧毁。及时清除橘园内和橘园周围杂草，在幼虫期和蛹期进行中耕可杀死部分幼虫和蛹。

（2）涂胶粘杀　用桐油加火熬制成牛胶糊状，涂在树干基部，宽约 10 厘米，象甲上树时即被粘住。

（3）化学防治　可选用 90%晶体敌百虫，或 80%敌敌畏乳油 800～1 000 倍液，或 50%辛硫磷乳油 800 倍液，或 2.5%敌杀死乳油 2 500～3 000 倍液等，喷雾防治。喷药时应喷湿树冠下地面，杀死坠地的假死象虫。

45. 大绿象鼻虫 *Hypomeces squamosus* Fabricius

【发生规律】

大绿象鼻虫长江流域 1 年发生 1 代，在华南地区 1 年发生 2 代，以成虫或老熟幼虫越冬。4～6 月成虫盛发。广东终年可见成虫为害。浙江、安徽多以幼虫越冬，6 月成虫盛发，8 月成虫开始入土产卵。云南西双版纳 6 月进入羽化盛期。福州越冬成虫于 4 月中旬出土，6 月中下旬进入盛发期，8 月中旬成虫明显减少，4 月下旬至 10 月中旬产卵，5 月上旬至 10 月中旬幼虫孵化，9 月中旬至 10 月中旬化蛹，9 月下旬羽化的成虫仅个别出土活动，10 月羽化的成虫在土室内蛰伏越冬。成虫白天活动，飞翔力弱，善爬行，有群集性和假死性，出土后爬至枝梢为害嫩叶，能交配多次。卵多单粒散产在叶片上，产卵期 80 多天，每雌产卵 80 多粒。幼虫孵化后钻入土中 10～13 厘米深处取食杂草或树根。幼虫期 80 多天，9 月孵化的长达 200 天。幼虫老熟后在6～10 厘米深土中化蛹，蛹期 17 天。靠近山边、杂草多、荒地边的果园受害重。

【防治方法】

（1）加强管理　及时清除果园内和果园周围杂草，在幼虫期和蛹期进行中耕可杀死部分幼虫和蛹。在成虫出土高峰期人工捕杀。成虫盛发期振动橘树，下面用塑料膜承接后集中烧毁。

（2）涂胶粘杀　用桐油加火熬制成牛胶糊状，涂在树干基部，宽约 10 厘米，象甲上树时即被粘住。涂 1 次有效期为 2 个月。

(3)药剂防治　必要时喷洒90%晶体敌百虫1000倍液,或50%辛硫磷乳油800倍液、棉油皂50倍液。喷药时树冠下地面也要喷湿,杀死坠地的假死象虫。

46. 小绿象鼻虫 *Platymycteropsis mandarinus* Fairmaire

【发生规律】

小绿象鼻虫1年发生2代,以幼虫在土中越冬,翌年3月上旬开始化蛹,第一代成虫于4月下旬出土活动,5月下旬至6月上旬成虫数量最多,为害柑橘嫩叶。第二代成虫于7月下旬出现,8月中旬至9月下旬为发生盛期。成虫常群集为害,有假死性,受惊动时,立即掉落地上。

【防治方法】

(1)清园　结合清园,冬季翻耕园土,可杀死部分幼虫。

(2)人工捕杀　利用成虫的假死性,可在地上铺薄膜,振动枝梢,在地下集中捕杀。

47. 嘴壶夜蛾 *Oraesia emarginata*

【发生规律】

嘴壶夜蛾在浙江黄岩1年发生4代,以蛹和老熟幼虫越冬。在广州1年发生5~6代,无真正的越冬期。田间发生很不整齐,幼虫全年可见,但以9~10月份发生量较多。成虫略具假死性,对光和芳香味有趋性。白天分散在杂草、间作物、篱笆、树干等处潜伏,夜间进行取食和产卵等活动。幼虫老熟后在枝叶间吐丝粘合叶片化蛹。卵的天敌有澳洲寄生蜂,幼虫的天敌有小茧蜂、姬蜂等,成虫的天敌有螳螂和蚰蜒等。

【防治方法】

(1) 合理规划果园　山区、半山区地区发展柑橘时应成片大面积种植，并尽量避免混栽不同成熟期的品种或多种果树。

(2)铲除幼虫寄主　在5~6月份铲除柑橘园内及周围1千米范围内的木防己和汉防己。

(3)灯光诱杀　可安装黑光灯、高压汞灯或频振式杀虫灯。在橘园高挂(高出树冠顶端0.5~1米)频振式杀虫灯，诱杀吸果夜蛾成虫。也可以用黑光灯、紫外线灯或普通200瓦的灯泡诱杀，在灯下放木盆，盆内盛水半盆，加几滴柴油或煤油，及时打捞死虫并换水。

(4)拒避或毒杀　每树用5~10张吸水纸，每张滴香茅油1毫升，傍晚时挂于树冠周围；或用塑料薄膜包住萘丸，上刺小孔数个，每株树挂4~5粒。毒饵诱杀。用瓜果片浸5%锐劲特1 200倍液或2.5%百劫1 000倍液或2.5%敌杀死6 000倍液或50%辛硫磷乳油800~1 000倍液3分钟制成毒饵，挂在树冠上诱杀吸果夜蛾成虫。

(5)果实套袋　早熟薄皮品种在8月中旬至9月上旬用纸袋包果，包果前应做好锈壁虱的防治。

(6)生物防治　在7月份前后大量繁殖赤眼蜂，在柑橘园周围释放，寄生吸果夜蛾卵粒。

(7)药剂防治　开始为害时喷洒5.7%百树得乳油或2.5%功夫乳油2 000~3 000倍液。

此外，用香蕉或橘果浸药(敌百虫20倍液)诱杀或夜间人工捕杀成虫也有一定效果。5%锐劲特1 500倍液或2.5%百劫1 000倍液或2.5%敌杀死8 000倍液是一种高效低毒的药剂，其作用表现为驱避性与拒食性，喷药后很少有吸果夜蛾成虫飞入橘园，也不在树上停留，不吸食为害果实，喷药1次能维持20~35天左右。喷射树冠，每隔15~20天喷药1次。采果前20天停喷。

48. 鸟嘴壶夜蛾 *Oraesia excavata* Butler

【发生规律】

鸟嘴壶夜蛾在湖北武汉和浙江黄岩1年发生4代，以成虫、幼虫或蛹越冬。越冬代在6月中旬结束，第一代发生于6月上旬至7月中旬，第二代发生于7月上旬至9月下旬，第三代于8月中旬至12月上旬。卵多产在木防己植物上，幼虫以产卵植物的叶片为食料，老熟幼虫常在寄主基部或附近的杂草丛中，以丝将叶片、碎枝条、苔藓黏结做薄茧并化蛹其中。成虫夜间活动吸食多种水果的汁液；有趋光性，略有假死性。成虫羽化后需要吸食糖类物质作为补充营养，才能正常交尾产卵。

【防治方法】

（1）农业防治　在山区或近山区新建果园时，尽可能连片种植；选种较迟熟的品种，避免同园混栽不同鸟嘴壶夜蛾的幼虫寄主植物。在果园边有计划栽种木防己、汉防己、通草、十大功劳、飞扬草等寄主植物，引诱成虫产卵、孵出幼虫，加以捕杀。

（2）人工防治　在果实成熟期，可用甜瓜切成小块，并悬挂在果园，引诱成虫取食，夜间进行捕杀。在果实被害初期，将烂果堆放诱捕，或在晚上用电筒照射进行捕杀成虫。

（3）物理防治　每6 700平方米（约10亩）果园设置40瓦黄色荧光灯或其他黄色灯5～6支，对吸果夜蛾有一定拒避作用。对某些名优品种，果实成熟期可套袋保护。

（4）药剂防治　在果实进入成熟初期，用香茅油纸片于傍晚均匀悬挂在果树冠上，拒避成虫。方法是用吸水性好的纸，剪成约5厘米×6厘米的小块，滴上香茅油，于傍晚挂出树冠外围，5～7年的树，每株挂5～10片，翌日清晨收回放入塑料袋密封保存，翌日晚上加滴香茅油后继续挂出，依次进行直至收果。

在果实将要成熟前，用甜瓜切成小块，或选用较早熟的荔枝、龙眼果实（果穗），用针刺破果皮、果肉后，浸于90%晶体敌百虫20

倍液，或 40%辛硫磷乳油 20 倍液中，经 10 分钟后取出，于傍晚挂在树冠上，对健果、坏果兼食的吸果夜蛾有一定诱杀作用。

在果实近熟期，用糖醋加 90%晶体敌百虫作诱杀剂，于黄昏放在果园诱杀成蛾。

49. 枯叶夜蛾 *Adris tyrannus* Guenee

【发生规律】

枯叶夜蛾 1 年发生 2～3 代，多以成虫越冬，暖地可以卵和中龄幼虫越冬。发生期不整齐，从 5 月末至 10 月均可见成虫，以 7～8 月份发生较多。成虫昼伏夜出、有趋光性。喜为害香甜味浓的果实，7 月以前为害杏等早熟果品，后转害桃、葡萄、苹果和梨等。成虫寿命较长，产卵于幼虫寄主的茎和叶背。幼虫吐线缀叶潜其中为害，6～7 月间发生较多，老熟后缀叶结薄茧化蛹。秋末多以成虫越冬。

【防治方法】

参照“嘴壶夜蛾”。

50. 小黄卷叶蛾 *Adoxophyes orana* Fischer von Roslerstamm

【发生规律】

1 年发生 4～6 代，均以低龄幼虫潜藏在树皮裂缝、翘皮下、剪锯口和树杈的缝隙中，以及枯枝叶等的所越冬，部分地区以蛹越冬。越冬幼虫于翌年 3 月中下旬气温 7℃～10℃时开始为害，4 月上中旬化蛹。1～5 代幼虫为害期：1 代为 4 月下旬至 5 月下旬；2 代为 6 月中下旬；3 代 7 月中旬至 8 月上旬；4 代 8 月中旬至 9 月上旬；5 代 10 月上旬后至翌年 4 月前。除 1 代发生较整齐外，以后各代有不同程度世代重叠。2 代发生为害最为严重。成虫白天栖息在树丛中，夜间出来活动，傍晚或清晨交尾，清晨把卵产在老叶背面,1~2代多产在中下部叶片上,3代多产在中上部，每雌产卵2~4块,每块60~80粒。

初孵幼虫爬至橘树芽顶、枝梢上为害,大部分匿居在芽尖缝处,有的在嫩叶端吐丝卷叶,咀食叶肉。芽下第一叶上虫口数量大,三龄后幼虫常把附近数叶卷结成苞,虫体藏在苞中取食,形成透明枯斑,后食量增加,常转移芽梢继续结新苞为害,每个幼虫可为害1~2个芽梢或3~7片叶子。虫体长大后从上部向下部老叶转移,幼虫老熟后在苞里化蛹。幼虫活泼,三龄后受惊迅速倒退或离苞吐丝下垂转移或落地。旬均温18℃~26℃,空气相对湿度高于80%利其发生。天敌有赤眼蜂、卷蛾小茧蜂、茶毛虫绒茧蜂、棉褐带卷蛾黄蜂等。

【防治方法】

(1)加强果园管理　科学修剪,及时中耕除草,使果园通风透光,可减少小黄卷叶蛾的发生。

(2)物理防治　春季抽梢时,注意捏死初孵幼虫和苞内大幼虫。成虫发生期设置诱虫灯或糖醋液诱杀成虫。

(3)药剂防治　在一、二龄幼虫盛发期,每丛有虫3.6头时,及时喷洒90%晶体敌百虫或80%敌敌畏乳油800~1 000倍液,或25%亚胺硫磷乳油,或40%毒死蜱乳油1 000倍液,或2.5%溴氰菊酯乳油2 000倍液,或90%万灵可湿性粉剂3 000倍液。此外还可选用50%辛硫磷乳油1 400倍液或10%天王星乳油5 000倍液。

(4)生物防治　用每克含孢子100亿的白僵菌粉0.5~1千克,在雨湿条件下防治一至二龄幼虫有效。在卵期每667米^{2}释放赤眼蜂8万~12万头,寄生率可达70%~80%。

此外,还可用性外激素诱杀,也可喷洒茶小卷叶蛾颗粒体病毒进行生物防治。做法:颗粒体病毒田间用量每公顷20毫克,相当于25头病虫尸体的含量,对水125升,于第一代或第二代幼虫孵化盛期喷洒，当代幼虫发病率95%，能持续8~9年。

51. 拟小黄卷叶蛾 *Adoxophyes cyrtosema* Meyrick

【发生规律】

在湖南、江西、浙江等地 1 年发生 5～6 代；福建 7 代；广东、四川等地 8～9 代，田间世代重叠。多以幼虫在卷叶或叶苞内越冬，但也有少数蛹和成虫越冬。

【防治方法】

参见“小黄卷叶蛾”。

52. 褐带长卷叶蛾 *Homona coffearia*

【发生规律】

褐带长卷叶蛾在浙江 1 年发生 4 代，在四川 1 年发生 4～5 代，在福建、广东、台湾每年发生 6 代。以老熟幼虫在卷叶或杂草内越冬，在旬均温回升至 12℃左右时开始活动。田间世代重叠明显。第一代幼虫主要为害柑橘幼果，导致脱落。第二代幼虫主要为害嫩芽或嫩叶，常吐丝将 3～6 片叶牵结成苞，匿其中为害。幼虫活动性较强，有趋嫩习性，幼虫化蛹于叶苞内。成虫飞翔力不强，日间常停息于叶片上，夜间活动。有较强的趋光性，对糖、酒和醋等发酵物亦有趋性。已发现的天敌有寄生于卵的澳洲赤眼蜂等，寄生于幼虫的次生大腿蜂等，颗粒体病毒 HcGV，捕食幼虫的黄足蠼螋等。

【防治方法】

（1）清园　冬季清除橘园内的杂草、枯枝落叶，剪除带有越冬幼虫和蛹的枝叶。生长季节摘除卵块和蛹，捕捉幼虫和成虫并放到寄生蜂羽化器内，以保护天敌。第一、第二代成虫产卵期释放松毛虫赤眼蜂或玉米螟赤眼蜂来防治，每代放蜂 3～4 次，间隔期 5～7 天，每公顷放蜂量为 30 万～40 万头。

（2）诱杀　成虫盛发期在橘园内安装黑光灯或频振式杀虫灯

诱杀(每公顷可安装 40 瓦黑光灯 3 只)。也可用 2 份红糖、1 份黄酒、1 份醋和 4 份水配制成糖醋液诱杀。

(3)药剂防治　幼果期或 9 月份前后如虫口密度大,可用药剂防治。可选用的药剂有:100 亿个 / 克白僵菌(Bt)1 000 倍液加 0.3%茶枯或 0.2%洗衣粉，或 200 亿个 / 克白僵菌 300 倍液,或 10%吡虫啉可湿性粉剂 3 000 倍液。

53. 潜叶蛾 *Phyllocnistis citrella*

【发生规律】

潜叶蛾在华南橘区 1 年发生 15 ~ 16 代，以蛹及少数老熟幼虫在叶片边缘卷曲处越冬。在浙江黄岩每年发生 9 ~ 10 代。尚未发现越冬。成虫产卵于 0.5 ~ 2.5 厘米长嫩叶背面的主脉两侧,幼虫孵化后潜入叶片表皮下蛀食叶肉。将化蛹的老熟幼虫潜至叶片边缘,将叶卷起,裹住虫体化蛹。田间 5 月份就可见到为害,但以7 ~ 9 月份夏、秋梢抽发期为害最烈。田间世代重叠明显,各代历期随温度变化而异。平均气温 27℃ ~ 29℃时,完成一个世代需13.5 ~ 15.6 天;平均气温为 16.6℃时为 42 天。苗木和幼树因抽梢多且不整齐而受害重。已发现的天敌有 10 多种寄生蜂及青虫菌、亚非草蛉和蚂蚁等。其中以白星啮小蜂为优势种。

【防治方法】

(1)加强栽培管理　冬季和早春剪除有越冬幼虫或蛹的晚秋梢,春季和初夏摘除零星发生的幼虫和蛹。控制肥水管理,促使抽梢整齐。并结合药剂防治。

(2)药剂防治　防治适期为新梢大量抽发,嫩叶长 0.5 ~ 1 厘米时,防治指标为嫩叶受害率在 5%以上。但晚秋梢不必防治。可选用的药剂有:10%吡虫啉可湿性粉剂 3 000 ~ 4 000 倍液、1%阿维菌素乳油 3 000 ~ 4 000 倍液,或 99.1%敌死虫乳油 300 ~ 400 倍液,或 25%除虫脲可湿性粉剂 1 500 ~ 2 000 倍液，或 24%万灵乳油 1 500 ~ 2 000 倍液,或 10%氯氰菊酯乳油 3 000 ~ 4 000 倍液,或 20%甲氰菊酯乳油

2 000～3 000 倍液和 20%好安威乳油 1 000～1 500 倍液等。

54. 柑橘凤蝶 *Papilio xuthus* Linnaeus

【发生规律】

长江流域及以北地区年生 3 代，江西 4 代，福建、台湾 5～6 代，以蛹在枝上、叶背等隐蔽处越冬。浙江黄岩各代成虫发生期：越冬代 5～6 月份，第一代 7～8 月份，第二代 9～10 月份，以第三代蛹越冬。广东各代成虫发生期：越冬代 3～4 月份，第一代 4 月下旬至 5 月份，第二代 5 月下旬至 6 月份，第三代 6 月下旬至 7 月份，第四代 8～9 月份，第五代 10～11 月份，以第六代蛹越冬。

成虫白天活动，善于飞翔，中午至黄昏前活动最盛，喜食花蜜。卵散产于嫩芽上和叶背，卵期约 7 天。幼虫孵化后先食卵壳，然后食害芽和嫩叶及成叶，共 5 龄，老熟后多在隐蔽处吐丝做垫，以臀足趾钩抓住丝垫，然后吐丝在胸腹间环绕成带，缠在枝干等物上化蛹（此蛹称缢蛹）越冬。天敌有凤蝶金小蜂和广大腿小蜂等。

【防治方法】

（1）捕杀幼虫和蛹，保护并释放天敌　为保护天敌可将蛹放在纱笼里置于园内，寄生蜂羽化后飞出再行寄生。

（2）药剂防治　可用每克 300 亿孢子青虫菌粉剂 1 000～2 000 倍液或 10%吡虫啉可湿性粉剂 3 000 倍液，或 90%敌百虫晶体 800～1 000 倍液，或 25%除虫脲可湿性粉剂 1 500～2 000 倍液，或 80%敌敌畏或 50%杀螟松或马拉硫磷乳油等 1 000～1 500 倍液，于幼虫龄期喷洒。

55. 玉带凤蝶 *Papilio polytes* Linnaeus

【发生规律】

在浙江、江西、四川等地每年发生 4～5 代，在福建和广东每年发生6代，均以蛹附着在柑橘和其他寄主植物的枝干及叶背等隐蔽处越冬。在浙江黄岩，各代幼虫的发生期分别为5月中旬至6月上旬、6月下旬至7月上旬、7月下旬至8月上旬、8月下旬至9月中旬、9月下旬至10月上旬。成虫白天活动，飞行力强，喜食花蜜。卵多散产于枝梢的嫩叶尖部，在每叶上一般只产1粒。初孵幼虫一般先食卵壳，再开始取食芽叶。随着虫龄的增大，吃光嫩叶后转食老叶。五龄幼虫每头一夜间可食5~6片叶。化蛹习性和天敌种类与柑橘凤蝶同。

【防治方法】

参见“柑橘凤蝶”。

56. 达摩凤蝶 *Princeps demoleus* Linnaeus

【发生规律】

在广州，达摩凤蝶成虫于11月中旬产卵于柑橘嫩芽上，经7天孵化。幼虫先食柑橘嫩叶，虫体渐长，食量增大，转食老叶。幼虫期26~30天。老熟幼虫于11月下旬在枝间化蛹，蛹尾端固着于枝上，身体上部环系丝带。蛹体与枝条作40°角左右倾斜，触动时则左右摇摆。蛹期25~45天，至翌年1月中旬羽化为成虫。第二代幼虫，大多3月发现。以蛹越冬。

【防治方法】

(1)清除卵和幼虫　人工摘除卵和捕杀幼虫；冬季清除越冬蛹。

(2)药剂防治　虫多时可用90%晶体敌百虫或80%敌敌畏乳油1 000倍液，或2.5%溴氰菊酯或10%氯氰菊酯或2.5%功夫乳油3 000~4 000倍液进行防治。

(3)保护天敌　凤蝶天敌有凤蝶金小蜂、凤蝶赤眼蜂和广大腿小蜂等卵或蛹的寄生蜂应很好保护利用。

57. 大蓑蛾 *Clania variegata* Snellen

【发生规律】

大蓑蛾贵州 1 年发生 1 代，安徽、浙江、江苏、湖南等省 1 年发生 1～2 代，江西 2 代，台湾 2～3 代。多以三至四龄幼虫，个别以老熟幼虫在枝叶上的护囊内越冬。安徽、浙江一带 2～3 月份气温 10℃左右，越冬幼虫开始活动和取食，由于此间虫龄高，食量大，成为橘园早春的主要害虫之一。5 月中下旬后幼虫陆续化蛹，6 月上旬至 7 月中旬成虫羽化并产卵，当年 1 代幼虫于 6～8 月份发生，7～8 月为害最重。第二代的越冬幼虫在 9 月间出现，冬前为害较轻。

雌蛾寿命 12～15 天，雄蛾 2～5 天，卵期 12～17 天，幼虫期50～60 天，越冬代幼虫 240 多天，雌蛹期 10～22 天，雄蛹期 8～14 天。成虫多在下午羽化，雄蛾喜在傍晚或清晨活动，靠性引诱物质寻找雌蛾，雌蛾羽化翌日即可交尾，交尾后 1～2 天产卵，每雌平均产 676 粒，个别高达 3 000 粒，雌虫产卵后干缩死亡。幼虫多在孵化后 1～2 天先取食卵壳，后爬上枝叶或飘至附近枝叶上，吐丝黏缀碎叶营造护囊并开始取食。幼虫老熟后在护囊里倒转虫体化蛹在其中。天敌有蓑蛾疣姬蜂、松毛虫疣姬蜂、桑螨疣姬蜂、大腿蜂、小蜂等等。

【防治方法】

进行果园林管理时，发现虫囊及时摘除，集中烧毁。注意保护天敌昆虫。掌握在幼虫低龄盛期喷洒 90%晶体敌百虫 800～1 000 倍液，或 80%敌敌畏乳油 1 200 倍液，或 50%杀螟松乳油 1 000 倍液，或 50%辛硫磷乳油 1 500 倍液或 2.5%溴氰菊酯乳油 4 000 倍液。提倡喷洒每克含 1 亿活孢子的杀螟杆菌或青虫菌进行生物防治。

58. 茶蓑蛾 *Clania minuscula* Butler

【发生规律】

茶蓑蛾在浙江、贵州、江苏、安徽和湖南等地一年发生 1～2 代，江西发生 2 代，台湾发生 2～3 代。各地多以 3～4 龄幼虫(少数以 5 龄的老熟幼虫)在枝叶上的护囊内越冬。一年发生 1 代的地区，幼虫发生危害的高峰期为 6 月下旬到 7 月上旬；一年发生 2 代的地区，幼虫发生危害的高峰期为 6 月下旬到 7 月上旬和 9 月中、下旬；一年发生 3 代的地区为 4～5 月、7～8 月和 9 月下旬至 11 月上旬。其余的生活习性与大蓑蛾基本相似。天敌有桑螨聚瘤姬蜂、蓑蛾瘤姬蜂、大腿小蜂、黑点瘤姬蜂、寄蝇等。

【防治方法】

参照“大蓑蛾”。

59. 白蛾蜡蝉 *Lawana imitate* Melichar.

【发生规律】

白蛾蜡蝉在广西南宁、桂西南地区和福建南部 1 年发生 2 代；主要以成虫在寄主茂密的枝叶间越冬。翌年 2～3 月份天气转暖后，越冬成虫恢复活动，取食、交尾、产卵。第一代孵化盛期在 3 月下旬至 4 月中旬；若虫盛发期在 4 月下旬至 5 月初；成虫盛发期 5～6 月份。第二代孵化盛期于 7～8 月份；若虫盛发期 7 月下旬至 8 月上旬；9～10 月份陆续出现成虫，9 月中下旬为第二代成虫羽化盛期，至 11 月份所有若虫几乎发育为成虫；然后随着气温下降成虫转移到寄主茂密枝叶间越冬。

成虫善跳能飞，但只作短距离飞行。卵产在枝条、叶柄皮层中，卵粒纵列成长条块，每块有卵几十粒至 400 多粒；产卵处稍微隆起，表面呈枯褐色。若虫有群集性，初孵若虫常群集在附近的叶背和枝条。随着虫龄增大，虫体上的白色蜡絮加厚，且略有三五成群分散活动；若虫善跳，受惊动时便迅速弹跳逃逸。

在生长茂密、通风透光差和间种黄豆的果园，夏秋雨季的多阴雨期间，白蛾蜡蝉发生较多。在冬季或早春，气温降至30℃以下连续出现数天，越冬成虫大量死亡，虫口密度下降，翌年白蛾蜡蝉第一代发生相对较少。

若虫的常见天敌有草蛉、螯蜂、绿僵菌等。

【防治方法】

(1)农业防治　结合果树整形修剪，剪除无效枝、过密的枝叶和着卵枝梗，适当修剪被害枝，以减少成虫的产卵和为害。

(2)药剂防治　对越冬成虫、各代成虫羽化盛期和若虫盛孵期，及时挑治1~2次。有效的药剂品种有：80%敌敌畏乳油或90%晶体敌百虫800~1 000倍液加0.2%洗衣粉，或15% 8817乳油2 000~2 500倍液，或52.25%农地乐乳油1 500~2 000倍液，或2.5%溴氰菊酯乳油2 500~3 000倍液，或50%马拉硫磷乳油600~800倍液。

(3)人工防治　在若虫期，可用竹扫帚把若虫扫落，进行捕杀或放鸡啄食。

(4)生物防治　注意保护利用果园原有的天敌。

60. 碧蛾蜡蝉　*Geisha distinctissima* Walker

【发生规律】

碧蛾蜡蝉广西1年发生2代，以卵越冬，也有以成虫越冬的。第一代成虫6~7月发生，第二代成虫10月下旬至11月份发生，一般若虫发生期为3~11月份。卵多产在枯枝上。

【防治方法】

(1)加强栽培管理　疏除过密的枝条，改善通风透光条件。剪去枯枝，防止成虫产卵。树上出现白色绵状物时，用木杆或竹竿触动树枝致若虫落地捕杀。禁用棘枣等作果园篱笆，以减少虫源。

(2)药剂防治　为害期喷洒50%马拉硫磷乳油或杀螟松乳油或80%敌敌畏乳油1 000倍液。

61. 褐边蛾蜡蝉 *Salurnis marglinella*(Guerin)

【发生规律】

褐边蛾蜡蝉生活习性与白蛾蜡蝉相似，每年发生2代，以成虫越冬，各代出现的时间与白蛾蜡蝉基本相同。

【防治方法】

参考"白蛾蜡蝉"。

62. 八点广翅蜡蝉 *Ricania speculum*(Walker)

【发生规律】

八点广翅蜡蝉1年发生1代，以卵于枝条内越冬。山西5月间陆续孵化，为害至7月下旬开始老熟羽化，8月中旬前后为羽化盛期，成虫经20余天取食后开始交尾，8月下旬至10月下旬为产卵期，9月中旬至10月上旬为盛期。白天活动为害，若虫有群集性，常数头在一起排列枝上，爬行迅速善于跳跃；成虫飞行力较强且迅速，产卵于当年生枝木质部内，以直径4～5毫米粗的枝背面光滑处落卵较多，每处成块产卵5～22粒，产卵孔排成1纵列，孔外带出部分木丝并覆有白色绵毛状蜡丝，极易发现与识别。每雌可产卵120～150粒，产卵期30～40天。成虫寿命50～70天，至秋后陆续死亡。

【防治方法】

(1)人工防治　结合管理，特别注意冬春修剪，剪除有卵块的枝集中处理，减少虫源。

(2)化学防治　为害期结合防治其他害虫兼治此虫。可喷洒果树上常用菊酯类农药,常用浓度均有较好效果。由于该虫虫体特别是若虫被有蜡粉,所用药液中如能混用含油量0.3%~0.4%的柴油乳剂或黏土柴油乳剂,可显著提高防效。

63. 山东广翅蜡蝉 *Ricania shantungensis* Chou et Lu

【发生规律】

山东广翅蜡蝉1年发生1代,以卵在枝条内越冬,翌年5月间卵孵化为害至7月底羽化成虫,8月中旬进入羽化盛期,成虫取食后交尾、产卵,9月下旬至10月上中旬为产卵盛期,成虫白天无活动。善跳、飞行迅速,喜在嫩枝芽、叶上刺吸为害。多选枝条光滑处产卵于木质部内,外覆白色蜡丝状分泌物。

【防治方法】

(1)加强管理　产卵痕上有白色棉絮状分泌物,易辨认,结合冬季整形修剪,剪去带卵枝条,并移出圃地,集中销毁。

(2)药剂防治　若虫盛孵期用生物制剂"绿得宝"粉剂加轻质碳酸钙(1∶10)喷粉,或40%速扑杀乳油1 000倍液喷施或50%杀螟松乳油1 000倍液喷施。喷药时尽量喷在叶背部。由于该虫虫体特别是若虫被有蜡粉,所用药液中如能混用含油量0.3%~0.4%的柴油乳剂或粘土柴油乳剂,可显着提高防效。视虫情隔10天或半月重复施药一次,能起到较好防治效果。蜡蝉若虫跳跃性较强,易向周边蔓延,要注意联防联治。

64. 黄刺蛾 *Cnidocampa flaveescens*

【发生规律】

南方1年发生2代,北方1代,以老熟幼虫在小枝或树干上结茧越冬。成虫于5月下旬和8月上旬出现。6月上中旬化蛹。6

月中旬至7月中旬为成虫发生期。7月中旬至8月下旬为幼虫发生期。9~10月份开始越冬。成虫在夜间活动,趋光性强。卵产于叶片背面,孵化后幼虫常群聚在一起为害,长大后分散。低龄幼虫仅取食叶肉,留下一层表皮。成长幼虫则将叶片食成缺刻,或仅留主脉。

【防治方法】

防治适期为夏、秋梢抽发期(7~8月份)。药剂可用:20%除虫脲悬浮剂1 000倍液，或50%辛硫磷乳油2 000~3 000倍液,或50%马拉松乳油1 000倍液等。

65. 扁刺蛾 *Thosea sinensis* Walker

【发生规律】

长江下游地区1年发生2代,少数3代。均以老熟幼虫在树下3~6厘米土层内结茧以前蛹越冬。1代区5月中旬开始化蛹,6月上旬开始羽化、产卵,发生期不整齐,6月中旬至8月上旬均可见初孵幼虫,8月为害最重,8月下旬开始陆续老熟入土结茧越冬。2~3代区4月中旬开始化蛹,5月中旬至6月上旬羽化。

第一代幼虫发生期为5月下旬至7月中旬。第二代幼虫发生期为7月下旬至9月中旬。第3代幼虫发生期为9月上旬至10月份。以末代老熟幼虫入土结茧越冬。成虫多在黄昏羽化出土,昼伏夜出,羽化后即可交配,2天后产卵,卵多散产于叶面上。卵期7天左右。幼虫共8龄,六龄起可食全叶,老熟幼虫多夜间下树入土结茧。

【防治方法】

(1)人工防治　挖除树基四周土壤中的虫茧,减少虫源。

(2)药剂防治　幼虫盛发期喷洒80%敌敌畏乳油1 200倍液或50%辛硫磷乳油1 000倍液,或50%马拉硫磷乳油1 000倍液,或40%毒死蜱乳油1 000倍液,或2.5%功夫乳油3 000倍液等。

66. 褐刺蛾 *Thosea haibarana* Matsumura

【发生规律】

1 年发生 2～4 代，以老熟幼虫在树干附近土中结茧越冬。3 代区成虫分别在 5 月下旬、7 月下旬、9 月上旬出现，成虫夜间活动，有趋光性，卵多成块产在叶背，每雌产卵 300 多粒，幼虫孵化后在叶背群集并取食叶肉，半月后分散为害，取食叶片。老熟后入土结茧化蛹。

【防治方法】

参见“黄刺蛾”。

67. 油桐尺蠖 *Buzura suppressaria* Guenee

【发生规律】

油桐尺蠖在广西每年发生 3～4 代，以蛹在柑橘园土中越冬，翌年3 月下旬陆续羽化出土；在柳州幼虫盛发期分别在 5 月上旬、7 月中旬和 9 月上旬。成虫白天蛰伏，夜晚活动，有趋光性和假死性，产卵于寄主粗糙的树皮或缝隙处以及柑橘的叶背上。幼虫孵化后吐丝下坠，飘荡扩散，幼龄时取食叶肉，残留表皮，尔后则取食叶片，行动为典型“步曲”状，静止时佯作枯枝状。老熟后入土化蛹。

【防治方法】

（1）人工防治　结合中耕翻土挖蛹，或在产卵盛期刮除卵块，或手捕幼虫。幼虫化蛹前，在树干周围铺设薄膜，上铺湿润的松土，引诱幼虫化蛹，加以杀灭；也可在成虫羽化盛期点灯诱杀。

（2）药剂防治　在三龄幼虫盛发前施药防治，可选用下列任一药剂：90%敌百虫晶体 1 000 倍液，或 20%杀灭菌酯乳油 3 000～4 000 倍液，或 20%克螨虫乳油 1 000 倍液。

68. 柑 橘 大 实 蝇 *Tetradacus citri*

【发生规律】

柑橘大实蝇在四川、贵州、湖北等地1年发生1代，以蛹在柑橘园土中越冬。在四川常年于4月下旬至5月上中旬成虫先后羽化出土，6月上旬至7月中旬交尾产卵。产卵时，雌虫将产卵管刺入果皮，每孔产卵数粒。卵期1个月左右，于7～9月份先后孵化为幼虫。幼虫在果内取食瓤瓣汁液，破坏果肉组织，导致溃烂。被害果大量脱落，幼虫随脱落果入土。未脱落的果实内的幼虫，于10月中旬至11月上中旬老熟脱果，潜入3～7厘米深的土中化蛹越冬。少数发生较晚的幼虫和蛹随果实运销，在果内越冬，至翌年1～2月份老熟后脱果。

该虫在日照较短的阴山果园内发生较多，土壤疏松，含水量适度，有利于化蛹和羽化，发生严重。

【防治方法】

（1）严格检疫　严禁从疫区调运带虫的果实、种子和带土的苗木。

（2）人工处理　冬耕灭蛹。早期摘除被害果和收拾落果，果实近成熟时套袋保护。

（3）诱杀成虫　6～7月份成虫产卵期，在部分柑橘树冠上喷布90%晶体敌百虫或80%敌敌畏乳油1 000～1 500倍液加3%红糖液，一般全园只需喷1/3植株，每株喷1/3树冠。4～5天喷1次，连喷3～4次。也可用砂糖2份，黄酒、醋和甜橙汁各1份，水10份混合后盛于罐中，进行诱杀成虫。

（4）药剂防治　在成虫羽化出土盛期至上果产卵时，选用80%敌敌畏乳油800倍液，或90%晶体敌百虫800倍液，或25%亚胺硫磷乳油500倍液，或40%乐果EC 1 000倍液，或20%灭扫利乳油等拟除虫菊酯类2 000～4 000倍液，加上3%红糖液喷洒树冠，每隔5～10天喷1次，连喷3～4次。

69. 柑橘小实蝇 *Chaetodacus ferrugineus dorsalis*

【发生规律】

柑橘小实蝇每年发生3~5代,在有明显冬季的地区,以蛹越冬,而在冬季较暖和的地区则无严格越冬过程,冬季也有活动。生活史不整齐,各虫态常同时存在。华南地区每年发生3~5代,无明显的越冬现象,田间世代重叠。成虫羽化后需要经历较长时间的补充营养(夏季10~20天;秋季25~30天;冬季3~4个月)才能交尾产卵,卵产于将近成熟的果皮内,每处5~10粒不等。每头雌虫产卵量400~1 000粒。卵期夏秋季1~2天,冬季3~6天。幼虫孵出后即在果内取食为害,被害果常变黄早落;即使不落,其果肉也必腐烂不堪食用,对果实产量和质量危害极大。幼虫期在夏秋季需7~12天;冬季13~20天。老熟后脱果入土化蛹,深度3~7厘米。蛹期夏秋季8~14天;冬季15~20天。

【防治方法】

(1)严格检疫　严防幼虫随果实或蛹随园土传播,一旦发现疫情,可用溴甲烷熏蒸。

(2)人工防治　随时捡拾虫害落果,摘除树上的虫害果一并烧毁或投入粪池沤浸。但切勿浅埋,以免害虫仍能羽化。

(3)诱杀成虫

①红糖毒饵　在90%敌百虫的1 000倍液中,加3%红糖制得毒饵喷洒树冠浓密荫蔽处。隔5天1次,连续3~4次。

②甲基丁香酚(Methyl eugenol)引诱剂　将浸泡过甲基丁香酚(即诱虫醚)加3%马拉硫磷或二溴磷溶液的蔗渣纤维板小方块悬挂树上,每平方千米50片,在成虫发生期每月悬挂2次,可将小实蝇雄虫基本消灭。

③水解蛋白毒饵　取酵母蛋白1 000克,或25%马拉硫磷可湿性粉3 000克,对水700升于成虫发生期喷雾树冠。

(4)地面施药　于实蝇幼虫入土化蛹或成虫羽化的始盛期用

50%马拉硫磷乳油、或50%二嗪农乳油1 000倍液喷洒果园地面，每隔7天1次，连续2～3次。

70. 柑橘蓟马 *Scirtothrips citri*

【发生规律】

柑橘蓟马在气温较高的地区1年可发生7～8代，以卵在秋梢新叶组织内越冬。翌年3～4月份越冬卵孵化为幼虫，在嫩梢和幼果上取食。田间4～10月份均可见，但以谢花后至幼果直径4厘米期间为害最烈。第一、第二代发生较整齐，也是主要的为害世代，以后各代世代重叠明显。一龄幼虫死亡率较高，二龄幼虫是主要的取食虫态。幼虫老熟后在地面或树皮缝隙中化蛹。成虫较活跃，尤以晴天中午活动最盛。成虫将卵产于嫩叶、嫩枝和幼果组织内，产卵处呈淡黄色，每雌一生可产卵25～75粒。秋季当气温降至17℃以下时便停止发育。有钝绥螨、蜘蛛等捕食性天敌。

【防治方法】

(1)加强虫口监测 方法是在柑橘开花至幼果期，中午在树冠外围用10倍放大镜检查花和果实萼片附近的蓟马数量，每周查1次。

(2)药剂防治 当谢花后发现有5%～10%的花或幼果有虫时，或幼果直径达1.8厘米后有20%的果实有虫或受害时即可喷药防治。可选用的药剂有：20%甲氰菊酯(灭扫利)乳油或20%氰戊菊酯(速灭杀丁)乳油或10%氯氰菊酯乳油或2.5%溴氰菊酯乳油3 000～4 000倍液，或80%敌敌畏乳油或90%晶体敌百虫，或50%马拉硫磷乳油或50%杀螟松乳油1 000倍液。喷药时应注意保护天敌。

71. 罗浮山切翅蝗 *Coptacra lofaoshana* Tinkham

【发生规律】

罗浮山切翅蝗1年发生1代，以卵在橘园四周田边、山地或草坡土壤中越冬。翌年 4 月底 5 月上旬开始孵化，5 月下旬至 6 月中旬为孵化盛期。幼蝻一般分 6 龄，前几龄若虫多分散于荒山草地中取食，老龄若虫进入橘园，咬食幼果。成虫出现期为 6 月下旬至 11 月中旬，以 9 月下旬至 10 月中下旬为害最重，咬食近成熟的果实。11 月下旬，成虫基本绝迹。

【防治方法】

（1）人工捕杀　清晨，成虫活动力弱，常停息在叶面，以上午 9 时前用捕虫网捕杀为宜。

（2）化学防治　柑橘采收前半个月，用 90%万灵可湿性粉剂 3 000 倍液喷雾树冠和果面，杀死成虫。

72. 棉蝗 *Chondracris rosea* De Geer

【发生规律】

棉蝗在北方 1 年发生 1 代。以卵在土中过冬，翌年 6 月孵化，8 月份羽化为成虫。成虫和若虫均为害棉、水稻、甘蔗、茶和竹等。河南 1 年发生1 代，以卵在土中越冬。翌年越冬卵于 5 月下旬孵化，6 月上旬进入盛期，7 月中旬为成虫羽化盛期，9 月后成虫开始产卵越冬。

【防治方法】

参见“罗浮山切翅蝗”。

73. 同型巴蜗牛 *Bradybaena similaris* Ferussac

【发生规律】

同型巴蜗牛 1 年发生 1 代，以成贝在冬作物土中或作物秸秆堆下或以幼贝在冬作物根部土中越冬。翌年 4 ~ 5 月份产卵，卵多产在根际湿润疏松的土中或缝隙中、枯叶、石块下，每个成贝可产卵 30 ~ 235 粒，孵化后生活在潮湿草丛中、田梗上、灌木丛、乱石堆下、植物根际土块及土缝中，也可生活在温室、塑料棚、菜窖及阴暗潮湿的条件下，适应性强。

【防治方法】

（1）人工捕捉　阴雨天当蜗牛大量出土为害时可用人工捕捉方法杀灭；也可在蜗牛发生前，放鸡鸭等动物到橘园啄食。

（2）中耕曝晒　在蜗牛产卵盛期进行中耕松土，可裂晒死大量虫卵。

（3）石灰驱杀　用石灰粉、草木灰、磷肥等，于傍晚时分撒在柑橘植株主干周围的泥土上驱杀。

（4）诱杀灭螺　可用砒酸钙 1 份、麦麸 30 份加水适量，制成毒饵，在柑橘园内诱杀。也可在橘园内放青草诱杀，每隔 3～5 米放 1 堆，于每日清晨揭草捕杀蜗牛，但该法在有绿肥和杂草丛生的橘园效果不佳。也可用多聚乙醛 300 克、蔗糖 50 克、5%砷酸钙 300 克和米糠 400 克（炒香）拌匀，加水适量制成似黄豆大小的颗粒进行诱杀。

（5）化学防治　选用 8%灭蜗灵颗粒剂或 6%密达颗粒剂等，与泥土按 1：（10～15）比例混合拌匀，在蜗牛盛发期的晴天傍晚撒施；或用 5%～10%硫酸铜液，或 1%～5%食盐液，或 1%茶籽饼浸出液或氨水 700 倍液，于 8 时前及 17 时后喷射树盘、树体和梯壁等。

74. 野蛞蝓 *Agriolimax agrestis* Linnaeus

【发生规律】

野蛞蝓以成体或幼体在作物根部湿土下越冬。5～7 月份在田间大量活动为害，入夏气温升高，活动减弱，秋季气候凉爽后，又活动为害。完成一个世代约 250 天，5～7 月份产卵，卵期 16～17 天，从孵化至成贝性成熟约 55 天。成贝产卵期可长达 160 天。

野蛞蝓雌雄同体，异体受精，亦可同体受精繁殖。卵产于湿度大有隐蔽的土缝中，每隔 1～2 天产 1 次，约 1～32 粒，每处产卵10 粒

左右，平均产卵量为400余粒。野蛞蝓怕光，强光下2~3小时即死亡，因此均夜间活动，从傍晚开始出动，晚上10~11时达高峰，清晨之前又陆续潜入土中或隐蔽处。耐饥力强，在食物缺乏或不良条件下能不吃不动。阴暗潮湿的环境易于大发生，当气温11.5℃~18.5℃、土壤含水量为20%~30%时，对其生长发育最为有利。

【防治方法】

(1)加强管理 采用高畦栽培、地膜覆盖、破膜提苗等方法，以减少为害。施用充分腐熟的有机肥，创造不适于野蛞蝓发生和生存的条件。清洁田园、秋季耕翻破坏其栖息环境，用杂草、树叶等诱捕虫体。每667平方米用生石灰5~7千克，在为害期撒施于沟边、地头或柑橘行间驱避虫体。

(2)药剂防治 用48%地蛆灵乳油或6%蜗牛净颗粒剂配成含有效成分4%左右的豆饼粉或玉米粉毒饵，在傍晚撒于田间垄上诱杀；或每667平方米用8%灭蛭灵颗粒剂2千克撒于田间；或于清晨喷洒48%地蛆灵乳油1 500倍液，或48%毒死蜱乳油1 500倍液。

附录1 柑橘无公害生产周年防治历

月份	物候期	防治重点	综合防治措施
1月	相对休眠期	以农业防治为重点，减少越冬代病虫基数	1. 结合修剪，剪除受害严重的病枝、病叶，同时清除地上的落叶、落果，并集中烧毁 2. 未完成树干、主枝刷白的橘园，应抓紧完成涂刷工作，消灭主干、主枝上的苔藓、地衣和越冬病菌
2月	相对休眠期	以农业防治为重点，结合药剂防治，消灭越冬代病虫，减少当年病虫源基数	1. 整枝修剪和间伐、挖毁死树：立春后开始以内膛剔大枝为主的春季整枝修剪，疏删密生枝、剪除病虫枝；进一步做好橘园的清洁工作；移植或间伐计划密植园的临时株，改善橘园通风透光条件，同时挖掉死株并锯除天牛、树脂病等病虫危害的死亡枝干，集中烧毁 2. 药剂清园：喷1次松脂合剂8～10倍液（2.5～3波美度）或石硫合剂0.5～1度或50%灭蚧60～80倍液或融杀蚧螨60～80倍液或95%机油乳剂60～100倍液或99.1%敌死虫100～150倍液，压低螨蚧等害虫基数，杀灭苔藓等寄生物
3月	春梢萌芽期	加强清园和疮痂病的防治工作	1. 继续抓好移植、间伐、修剪及清洁橘园工作，改善橘园通风透光条件，降低橘园内湿度，改善橘园小气候条件，以利于减轻橘园发病率和减少药剂喷射 2. 继续抓好春季清园工作。至柑橘春梢萌芽时停止喷药，以免新芽发生药害 3. 3月下旬当新芽萌发达1厘米长时，喷1次0.5%～0.8%石灰等量式或倍量式波尔多液，防治柑橘疮痂病（上几年发病连续较轻的园可不喷）

（续）

月份	物候期	防治重点	综合防治措施
4月	春梢萌芽期、花蕾显蕾露白期	做好疮痂病、花蕾蛆、红蜘蛛和蚜虫的防治工作	1. 做好橘园开沟排水，继续剪除疮痂病、溃疡病、蚧类危害的病虫枝，集中烧毁，减少当年病虫源 2. 4月下旬喷15%哒螨酮1500倍液或5%尼索朗1500倍液或25%苯丁锡2000倍液或15%F1050乳油1000～1500倍液或15%哒·四螨1500倍液及其混剂防治柑橘红蜘蛛，添加适量的1%氮酮或机油乳剂能提高防治效果。蚜虫发生早的年份，应加杀蚜剂（见5月上中旬使用的杀虫剂）防治。叶甲为害严重的园块，宜用10%吡虫啉2000倍液或1%～1.8%阿维菌素2000～3000倍液或3%啶虫脒（吡虫清）1000～2000倍液或80%敌敌畏800倍液等防治
5月	开花至谢花期，第一次生理落果期	加强幼果疮痂病、矢尖蚧、黑刺粉虱、糠片蚧、红蜘蛛等病虫害的防治工作	5月上旬喷1次20%好年冬（好安威或英赛丰）2000倍液或10%吡虫啉2000～3000倍液或3%啶虫脒2000倍液等加70%甲基硫菌灵600倍液或50%多菌灵600倍液或70%代森锰锌600～800倍液，再添加保果剂，可以防治蚜虫、蓟马和疮痂病等病虫害，同时起到保果作用。此时如柑橘红蜘蛛达到每叶3头以上时，可配上杀螨剂（20%三唑锡2000倍液、73%克螨特及4月下旬未用的杀螨剂）进行兼治。矢尖蚧、黑刺粉虱、柑橘粉虱或木虱等害虫为害较重的园块，可用25%噻嗪酮（扑虱灵）1000倍液或95%机油乳剂（花蕾期不宜使用）150倍液防治，或加入40%杀扑磷（速扑杀）2000倍液或40.7%毒死蜱（乐斯本）1500倍液等兼治粉蚧类。疮痂病、灰霉病、黄斑病和黑斑病等病害发生比较严重的园块，5月中下旬宜喷1次杀菌剂

（续）

月份	物候期	防治重点	综合防治措施
6月	夏梢抽发期，第二次生理落果期	加强红蜡蚧、红蜘蛛、疮痂病、炭疽病、溃疡病的防治工作	1. 夏梢全面抽发，结果树（特别是初生树）要及时彻底抹除夏梢保果，幼树、苗木抹除零星抽发的夏梢，集中放梢有利病虫害防治 2. 6月中下旬喷1次25%噻嗪酮1000倍液或95%机油乳剂（花蕾期不宜使用）150倍液加入40%杀扑磷2000倍液或40.7%毒死蜱1500倍液等再添加70%代森锰锌600倍液或铜制剂600倍液或75%百菌清800倍液或70%甲基硫菌灵600倍液等防治红蜡蚧、长白蚧或褐（黄）圆蚧等蚧类和黑点病、疮痂病、溃疡病、黑斑病和黄斑病等病害，兼治螨类和蛾类
7月	夏梢生长期，果实膨大期	加强锈壁虱、潜叶蛾、红蜡蚧（扫尾）等的防治工作	1. 7月上中旬红蜡蚧孵化结束，进行最后1次喷药防治，兼治红蜘蛛、锈壁虱（药剂同6月份） 2. 结果树小暑后可停止抹梢，幼树、苗木抽发的夏梢继续抓好潜叶蛾的防治，并兼治螨类 3. 胡柚、脐橙等品种的橘园继续抓好夏梢溃疡病的防治，并注意兼治螨类 4. 锈壁虱为害比较严重的园块，宜在7月上旬喷1次10%～20%三唑锡或苯丁锡或三磷锡1500～2000倍液或20%富事定2000～3000倍液或73%克螨特1000～1500倍液防治
8月	果实膨大期，八月梢抽发期	加强锈壁虱、潜叶蛾的防治工作	8月上中旬喷1次拟除虫菊酯类农药或10%吡虫啉2000～3000倍液或3%啶虫脒2000倍液或20%好年冬2000倍液加70%代森锰锌600～800倍液防治潜叶蛾和叶甲类等害虫，兼治锈螨。对那些介壳虫为害比较严重的园块，宜添加25%扑虱灵1500倍液（或95%机油乳剂200倍液）加25%喹硫磷1000倍液兼治

（续）

月份	物候期	防治重点	综合防治措施
9月	果实继续膨大期,8月梢抽发生长期	加强螨类、潜叶蛾、炭疽病、黑点病等的防治工作	喷70%甲基硫菌灵600倍液或50%多菌灵600倍液或75%百菌清800倍液加10%～20%三唑锡或三磷锡1500～2000倍液或20%富事定2000倍液防治黑点病、炭疽病和螨类等,对于介壳虫为害比较严重的园块,宜用8月上中旬使用的杀蚧剂再喷1次。夜蛾为害严重的山地橘园在9月份喷1次5%百树得1500倍液或2.5%保得1500倍液进行防治
10月	果实始着色期,10月梢抽发期	加强红蜘蛛的防治工作	切实抓好红蜘蛛的防治:检查橘园红蜘蛛虫口密度,当每片叶平均有2～3头时及时喷药,以免叶片被害后因气温逐渐降低不能恢复而造成采前或采后大量落叶,影响翌年花芽分化而减产
11月	果实成熟采收期	加强果实贮藏期病害及红蜘蛛的防治工作	1. 要贮藏的果实,及时做好防腐保鲜处理:对采摘的果实要在24小时内浸果进行防腐保鲜处理(最好边采摘边浸果处理),杀死果实表面的青、绿霉等病菌,抑制炭疽病等贮藏中后期病害的发生 2. 采收结束后立即进行喷药清园,以防治红蜘蛛为主的越冬病虫害,将其消灭在进入越冬场所前。最迟要求在12月上旬结束。减少越冬代虫口密度,减少翌年虫口繁殖基数
12月	花芽生理分化期	继续加强清园工作,消灭越冬代病虫	1. 抓紧做好采后清园,要求在大雪前全面结束 2. 抓好修剪、剪除严重病虫枝,清除橘园内的枯枝、落叶及病虫果,并集中烧毁 3. 结合防冻,进行树干、主枝涂白:用1份生石灰,6～8份水,1汤匙食盐(最好另加25～40克硫黄粉)调配涂白剂,涂刷主干、主枝以减少昼夜温差起防冻作用,同时消灭主干、主枝上的地衣、苔藓等病虫越冬场所和越冬病菌

附录2 波尔多液的配制和使用技术

【杀菌机制】

波尔多液是一种保护性的无机铜素杀菌剂,有效成分为碱式硫酸铜,是常用的药剂。成品呈天蓝色,微碱性悬浮液。喷在植物体上后,生成一层白色的药膜,可有效地阻止孢子萌发,防止病菌侵染;并能促使叶色浓绿、生长健壮,提高树体抗病能力。一般呈碱性,有良好的粘附性能,较耐雨水冲刷,使用后,不易被雨水冲刷掉,药效持久。但久放物理性状破坏,宜现配现用或制成失水波尔多粉。使用时再对水混合。

【作用特点】

波尔多液为保护性杀菌剂,通过释放可溶性铜离子而抑制病原菌孢子萌发或菌丝生长。在相对湿度较高、叶面有露水或水膜的情况下,药效较好。该制剂具有杀菌谱广、持效期长、病菌不会产生抗性、对人、畜低毒等特点,是目前运用范围较广、应用历史最长的一种杀菌剂。一般在果树病害发生前喷雾,有良好的预防保护作用。

它具有毒性小(对人、畜基本无毒)、价格低、使用安全、方便、防治病害范围广泛等特点。对绝大多数真菌性病害和细菌性病害都有较好的防治效果,且长期使用不产生抗药性。

【比例量式】

硫酸铜、生石灰的比例及加水多少,要根据树种或品种对硫酸铜和石灰的敏感程度(对铜敏感的少用硫酸铜,对石灰敏感的少用石灰)以及防治对象、用药季节和气温的不同而定。生产上常用的波尔多液比例有:石灰等量式(硫酸

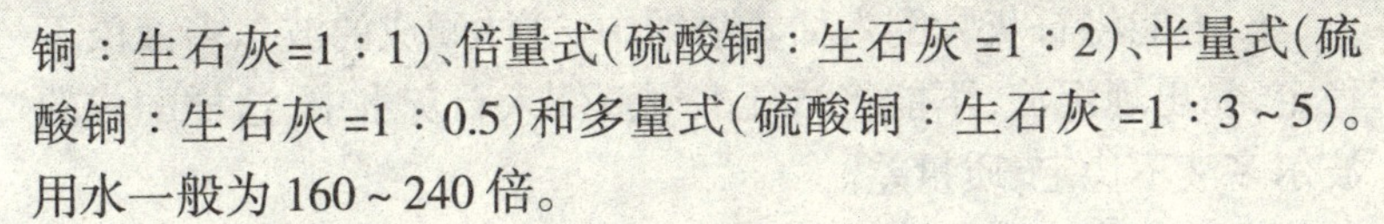

铜：生石灰=1：1)、倍量式(硫酸铜：生石灰 =1：2)、半量式(硫酸铜：生石灰 =1：0.5)和多量式(硫酸铜：生石灰 =1：3～5)。用水一般为 160～240 倍。

【配制方法】

1. 按用水量 1/2 溶解硫酸铜，另 1/2 溶解生石灰，待完全溶解后，再将两者同时缓慢倒入备用的容器中，不断搅拌。也可用 10%～20% 的水溶化生石灰，80%～90% 的水溶化硫酸铜，待其充分溶解后，将硫酸铜溶液缓慢倒入石灰乳中，边倒边搅拌即成波尔多液。但切不可将石灰乳倒入硫酸铜溶液中，否则质量不好，防效较差。

2. 用 10%的水配制石灰乳，制成氢氧化钙水溶液，用 90%的水溶解硫酸铜，制成硫酸铜水溶液，2 种药液暂时存放备用。喷药时须现配现用，按比例先把 1 份(10%)石灰水溶液倒入喷雾器内或另一容器内，再把 9 份(90%)硫酸铜水溶液徐徐倒入喷雾器中的石灰水溶液中，边倒药液边搅拌，搅拌均匀后随即使用。

【配制注意事项】

1. 配制用的生石灰必须质量好，不要用风化的石灰。块状石灰可放在大缸或塑料袋内封闭贮藏。如果没有块状石灰，也可用过滤在石灰池内的建筑用石灰，但应除掉表层，用量要加 1 倍。

2. 硫酸铜在冷水中溶解缓慢，为了提高工作效率，可先用少量热水使硫酸铜完全溶解后再按配量将水加足。波尔多液需随配随用，不可放置时间太长，24 小时后会发生质变，不宜使用。

3. 配制容器不能用金属器皿，喷过的药械要及时洗净，防止腐蚀而损坏。

4. 因配制波尔多液必须在碱性条件下进行反应，倒药液时，不可搞错次序，必须把硫酸铜水溶液倒入石灰水溶液中，不能把石灰水溶液向硫酸铜水溶液内倒，否则配制的药液会随即沉淀，失效。

5. 不能先配成浓缩的波尔多液再加水稀释。一次配成的波尔多液是胶悬体，相对比较稳定，若再加水则会形成沉淀或结晶而影响质量，易造成药害。

6. 不能将石灰乳倒入稀硫酸铜中，这样配成的波尔多液极不稳定，易出现沉淀；不能将浓硫酸铜液倒入石灰水中，这样配成的波尔多液不稳定、质量差。

7. 波尔多液配成后，将磨光的芽接刀放在药液里浸泡 1~2 分钟，取出刀后，如刀上有暗褐色铜离子，则需在药液中再加一些石灰水，否则易发生药害。

【使用注意事项】

1. 波尔多液是一种以预防保护为主的杀菌剂，喷药必须均匀细致，使叶片正反两面、枝蔓、果实都均匀着药，以便提高防治效果。

2. 阴天、有露水时喷药易产生药害，故不宜在阴天或有露水时喷药，以免发生药害。要选晴天、微风或小风天气喷药，严禁雨天、雾天和湿度较高的阴天喷药，以防药液喷到作物上后，不能及时干燥，引起烧叶现象发生。

3. 不能与碱性农药混用，喷施过石硫合剂、石油乳剂或松脂合剂的果树，需隔 20 天左右以后才能使用波尔多液，否则会发生药害。果实采收前 20 天停用。

4. 波尔多液不可与磷酸二氢钾等含磷酸根离子的叶面肥混用，以免铜离子和磷酸根离子发生反应，生成磷酸铜，沉淀失效。

5. 波尔多液是一种胶体溶液，须现用现兑，以免药液配制后存放时间过长，因氢氧化铜沉淀而影响药效。

6. 波尔多液对某些植物过敏，容易发生药害，在不了解植物特性的情况下，须事先做药敏试验，预防盲目喷洒，造成药害发生。

附录3 石硫合剂的熬制及应用

石硫合剂是用硫黄粉、生石灰加水熬制而成的。熬制好的石硫合剂原液为枣红色、透明状、臭蛋味。是一种应用广泛的杀菌、杀螨、杀虫剂。

【作用机制】

1. 直接作用　因石硫合剂液中其主要成分是多硫化钙及硫代硫酸钙等，具有渗透和侵蚀病菌细胞壁及害虫体壁的能力，所以喷洒时可直接杀死病菌和害虫。

2. 间接作用　石硫合剂的间接效应是该药剂防病的关键所在，是其他药剂所不具有的。间接效应主要表现在"四个区"效应上。

(1)保护区效应　石硫合剂喷洒到植物体上，能很快在其表面形成一层药膜，由于药膜的形成使外来病菌难以侵入植物内危害，进而起到保护伞的作用，而且这种作用持续时间较长。

(2)高碱区效应　石硫合剂是一种强碱性药剂，即使经过稀释其碱性也非常强，所以喷洒到植物体，在树体表层形成强大高碱性区域，给病菌创造一个恶劣环境，使其难以生存。

(3)缺氧区效应　因为害果树的病菌大都是好氧性的，而石硫合剂药膜的形成能起到阻止氧气通入的作用，从而使病菌因缺氧而死亡。

(4)相对干燥区效应　由于石硫合剂药膜的形成，从而使外部水分难以透入，同时通过药层蒸发失水，又可以从药层以内区域吸收水分，这样一来就在树体表层形成相对干燥的区域，严重障碍病菌的生长繁殖和孢子萌发，以达到防病作用。

从上述石硫合剂的防病机制看,石硫合剂的间接作用远远超出它的直接作用，所以石硫合剂一定要在发病前或发病初期喷洒,这样才能收到良好的防治效果,而且成本低,又不伤害天敌。

【熬制方法】

1. 用生石灰 1 千克、硫磺粉 2 千克、水 16 升(熬制时不必再补充水)，先将锅中加足水烧至 80℃左右，再将石灰放入锅内至沸腾,然后将硫磺糊慢慢倒入锅内不断搅拌煮 40 ~ 50 分钟,药液变为褐色时为止。将熬好的药液沉淀冷却后取出澄清液,用波美比重计测出浓度并将原液密封保存备用,剩下渣中滓可加入白涂剂中使用。

2. 生石粉 1 份,硫磺粉 2 份,水 12 份。先将规定用水量在旧铁锅中烧热至烫手,立即把生石灰投入热水锅内,石灰遇水后放热很快热成石灰浆。然后把事先用少量温水调成浆糊状的硫磺粉慢慢倒入石灰浆锅中,记下水位线。不断搅拌用大火煮沸 40 ~ 50 分钟,待药液由黄白色逐渐熬成枣红色立即停火。在熬煮过程中及时补足水量。熬煮后的原液冷却,用细箩篓除残渣,就得到刺红色透明原液。可倒入带釉的缸、瓷瓶中保存。

【熬制注意事项】

1. 熬制石硫合剂要注意,石灰质量要好,硫磺粉要细,用大火急熬时间不宜过久。熬制石硫合剂首先要抓好原料质量环节,生石灰质量好坏对原液质量影响最大。所用的生石灰要呈块状,含杂质少,质量高而未吸湿风化。反之,杂质过多的生石灰及粉末状的消石灰不要采用。硫磺粉要细,市售硫磺粉即能满足要求,块状硫磺要经加工成硫黄粉后使用。熬煮时火力要猛而均匀,沸腾后不要搅拌。

2. 原液强碱性,腐蚀金属,熬制石硫合剂时不要用新铁锅,贮藏石硫合剂不能用铜、铁、铝等金属器皿。由于原料质量和熬制条件的差异,原液浓度常有较大的差异,一般可达 25 波美度左右。

3. 石硫合剂不耐贮存,容易和空气中的氧气、二氧化碳发生反应,存放时要密闭,并在药液表面加上柴油与空气隔绝,并密封容器口，防止被空气氧化，降低药效。

【使用注意事项】

1. 石硫合剂母液和稀释后的使用药液浓度，以波美度表示。使用时要用波美比重计测量石硫合剂原液的浓度，最简单的稀释方法是直接查阅“石硫合剂稀释倍数表”。查表时一定要根据稀释方法选择对应的稀释倍数。因为原液比普通比重大1，把容量稀释倍数误作为重量倍数稀释，就降低了稀释液的浓度；反之，浓度就提高了，会产生药害。

2. 石硫合剂为强碱性，不能与忌碱性农药混用，也不能与铜制剂混用。不与松脂合剂、肥皂和棉油皂等混用。另外，还要掌握好与其他药剂混用和间隔使用。石硫合剂属强碱性药剂，如果与其他药剂混用不当，或前后使用间隔时间不足时，不但会降低药效，而且还会引起药害。波尔多液与石硫合剂绝对不能混用。即使前后间隔合用，也需要充分的间隔期，先喷石硫合剂的，要间隔10～15天，才能喷布波尔多液；先喷波尔多液的，要间隔20天以后才能喷布石硫合剂，以免发生药害。

3. 果树发芽前使用5波美度液全树喷洒，随芽的萌动减低浓度，展叶时只能喷0.5～1波美度。气温在32℃以上不要用。夏季气温在32℃以上，早春低温在4℃以下，均不宜施用石硫合剂。

4. 施用石硫合剂后的喷雾器，必须充分洗涤，以免腐蚀损坏。

5. 掌握好使用时机。在发生红蜘蛛的果园中，当叶片受害已很严重时，不宜再喷石硫合剂，以免引起叶片加速干枯、脱落。

6. 工作时应遵守安全用药规则。工作结束应认真洗手、洗脸，以防药液腐蚀皮肤。

【常用方法】

1. 喷雾法

2. 涂干法　在休眠期树木修剪后，使用石硫合剂原液涂刷紫树干和主枝，可消灭蚧类害虫的为害。

3. 伤口处理剂　石硫合剂原液消毒刮治的伤口，可减少有害

病菌的侵染，防止腐烂病、溃疡病的发生。

4.涂白剂　用石硫合剂 0.5 千克、生石灰 5 千克、食盐 0.5 千克、动物油 0.5 千克、水 40 千克配制树木涂白剂。在休眠期涂刷树干可防治腐烂病、溃疡病；在天牛产卵期涂刷树干还能有效阻碍天牛在树干上产卵，降低天牛的产卵数量。

附录 4　几种涂白剂和伤口保护剂的配制与使用

【涂白剂】

在冬季给果树主枝和主干刷上涂白剂，是帮助果树安全越冬与防治病虫害的一项有效措施。自制 3 种涂白剂的方法如下。

1. 石硫合剂石灰涂白剂　取 3 千克生石灰用水化成熟石灰，然后加水配制成石灰乳，再倒入少许油脂并不断搅拌，再倒进 0.5 千克石硫合剂原液和食盐，充分拌匀后即成石硫合剂石灰涂白剂，配制该剂的总用水量为 10 千克。配制后应立即使用。

2. 硫磺石灰涂白剂　将硫磺粉与生石灰充分拌匀后加水溶化，再将溶化的食盐水倒入其中，并加入油脂和水，充分搅拌均匀即可得到硫磺石灰涂白剂。配制的硫磺石灰涂白剂应当天使用。配制方法：按硫磺 0.25∶食盐 0.1∶油脂 0.1∶生石灰 5∶水 20 的重量比例配制即可。

3. 硫酸铜石灰涂白剂　配料比例：硫酸铜 0.5 千克∶生石灰 10 千克。配制方法：用开水将硫酸铜充分溶解，再加水稀释，将生石灰慢慢加水熟化后，继续将剩余的水倒入调成石灰乳，然后将两者混合，并不断搅拌均匀即成。

【保护剂】

1. 接蜡　将松香 400 克、猪油 50 克放入容器中，用文火熬至全部熔化，冷却后慢慢倒入酒精，待容器中泡沫起得不高即发出“吱吱”声时，即倒入酒精。再加入松香油 50 克、25%酒精 100 克，不断搅动，即成接蜡。配制好的接蜡应用密封的瓶子装好备用。使用时，用棉絮或毛笔蘸取接蜡，涂抹在伤口上即可。

2. 牛粪灰浆　用牛粪 6 份、熟石灰和草木灰各 8 份、细河沙 1 份，加水调成糨糊状，即可使用。

附录5 我国禁用和限用的农药

禁用农药

规定文件	农药品种
农业部 2002[199]号文件	六六六、DDT、毒杀芬、二溴氯丙烷、杀虫脒、二溴乙烷、除草醚、林丹、硫丹、艾氏剂、狄氏剂、汞制剂、砷铅类、敌枯双、甘氟、氟乙酸钠、毒鼠强、毒鼠硅等18种高毒、高残留和三致(致畸、致癌、致突变)农药禁止使用;磷胺、甲拌磷、对硫磷(1605)、甲基对硫磷、久效磷、甲胺磷、内吸磷(1059)、甲基异柳磷、特丁硫磷、甲基硫环磷、治螟磷、克百威(呋喃丹)、涕灭威、灭线磷、硫环磷、蝇毒磷、地虫硫磷、氯唑磷、苯线磷等19种农药禁止在果树、茶和蔬菜上使用
农业部 2002[194]号文件	停止受理新增登记氧化乐果、水胺硫磷、灭多威(万灵)等高毒农药
浙江省政府 2001[34]号文件	氧(化)乐果、三氯杀螨醇

注:禁用农药随着新规定而改变

香蕉无公害高效栽培 10.00元
香蕉优质高产栽培(修订版) 10.00元
香蕉标准化生产技术 9.00元
菠萝无公害高效栽培 8.00元
杧果高产栽培 5.50元
怎样提高杧果栽培效益 7.00元
大果甜杨桃栽培技术 4.00元
仙蜜果栽培与加工 4.50元
杨梅良种与优质高效栽培新技术 6.00元
杨梅丰产栽培技术 7.00元
枇杷高产优质栽培技术 8.00元
枇杷无公害高效栽培 8.00元
大果无核枇杷生产技术 8.50元
橄榄油及油橄榄栽培技术 7.00元
油橄榄的栽培与加工利用 7.00元
无花果栽培技术 4.00元
无花果保护地栽培 5.00元
无花果无公害高效栽培 9.50元
开心果(阿月浑子)优质高效栽培 10.00元
树莓优良品种与栽培技术 10.00元
人参果栽培与利用 7.50元
猕猴桃标准化生产技术 12.00元
猕猴桃无公害高效栽培 7.50元
猕猴桃栽培与利用 9.00元
猕猴桃高效栽培 8.00元
怎样提高猕猴桃栽培效益 10.00元
猕猴桃园艺工培训教材 9.00元
猕猴桃贮藏保鲜与深加工技术 7.50元
提高中华猕猴桃商品性栽培技术问答 10.00元
沂州木瓜栽培与利用技术问答 5.50元
石榴标准化生产技术 12.00元
石榴无公害高效栽培 10.00元
石榴高产栽培(修订版) 6.00元
石榴整形修剪图解 6.50元
石榴无花果良种引种指导 13.00元
软籽石榴优质高产栽培 10.00元
番石榴高产栽培 6.00元
提高石榴商品性栽培技术问答 13.00元
石榴病虫害及防治原色图册 12.00元
城郊农村如何发展苗圃业 9.00元
林果生产实用技术荟萃 11.00元
林木育苗技术 20.00元
绿枝扦插快速育苗实用技术 10.00元
园林大苗培育教材 5.00元
园林育苗工培训教材 9.00元
林木嫁接技术图解 12.00元
杨树丰产栽培与病虫害防治 11.50元
杨树丰产栽培 20.00元
杨树速生丰产栽培技术问答 12.00元
速生杨林下食用菌生产技术 14.00元
廊坊杨栽培与利用 8.00元